ART & DESIGN OF
WEB PAGE

网页界面
艺术设计

（第2版）

何丽萍 编著

清华大学出版社
北京

内 容 简 介

本书主要分析了网页界面设计中的各视觉元素——版面、文字、图像和色彩等——在网页信息传递中所承担的功能和发挥的作用，并总结出这些视觉元素在网页界面设计中所具备的基本特点，以及需要遵循的基本设计规律。

在遵循形式美法则的基础上，如何提高网页信息传递效率也是本书所要解决的主要问题。因此本书对网页的导航、链接、页脚、图形符号等影响网页信息传递的各因素也做了一定的分析，同时给出了相应的设计规律和设计方法。

本书适用于高校网页设计相关专业的教学以及广大网页设计爱好者自学。

图书在版编目 (CIP) 数据

网页界面艺术设计 / 何丽萍编著 . — 2 版 . — 北京：清华大学出版社，2021.1（2024.7 重印）
ISBN 978-7-302-56401-0

Ⅰ . ①网… Ⅱ . ①何… Ⅲ . ①网页 — 设计 — 高等学校 — 教材 Ⅳ . ① TP393.092.2

中国版本图书馆 CIP 数据核字 (2020) 第 170446 号

责任编辑： 刘向威
封面设计： 何凤霞
版式设计： 常雪影
责任校对： 焦丽丽
责任印制： 曹婉颖

出版发行： 清华大学出版社
　　　　　网　　　址：https://www.tup.com.cn, https://www.wqxuetang.com
　　　　　地　　　址：北京清华大学学研大厦 A 座　　　　　邮　　编：100084
　　　　　社 总 机：010-83470000　　　　　邮　　购：010-62786544
　　　　　投稿与读者服务：010-62776969, c-service@tup.tsinghua.edu.cn
　　　　　质 量 反 馈：010-62772015, zhiliang@tup.tsinghua.edu.cn
印 装 者： 三河市龙大印装有限公司
经　　销： 全国新华书店
开　　本： 185mm×260mm　　**印　张：** 10　　　　　**字　数：** 155 千字
版　　次： 2015 年 6 月第 1 版　　2021 年 1 月第 2 版　　**印　次：** 2024 年 7 月第 5 次印刷
印　　数： 7001～8500
定　　价： 59.00 元

产品编号：088189-01

第 2 版前言

从 2015 年 6 月本书第 1 版出版，到现在已经五年多了。这期间除了作者所在的上海第二工业大学应用艺术设计学院相关专业的学生选用该书作为教材外，许多兄弟院校和网页设计爱好者也先后将该书选为教材和参考书。在这五年的使用过程中，许多老师和读者留言对作者给予支持和鼓励，并对该书提出了宝贵的使用意见和修改建议。

本次再版主要修订了第 1 版中表述不够准确的专业名词和表达方法，删减了表述过时的文字内容，增加了必要的设计内容和设计方法。保留了原有的参考图片，也许有些网站的内容已经更新（网页设计是个日新月异的行业），但是它们留下的设计作品依然经典！

在多年的网页界面设计教学实践中，作者发现无论时代怎样变迁，设计行业如何发展，设计的初衷永远不会改变，以人为本的设计理念，形式和功能的完美结合是所有设计行业从业者所追求的最终目标。如果本书能在各位未来的设计师追求终极目标的路上助一臂之力，那将是作者莫大的荣幸！也希望各位同行在使用本书的过程中提出宝贵、中肯的批评和建议，这将是激励作者继续前进的动力源泉！

再次对此次再版过程中提供帮助的各位人士表示衷心感谢！

作　者

2020.5

第1版前言

现代网络技术的飞速发展令人目不暇接。网页的界面设计也经历了形形色色的流行趋势，无论网页技术如何变迁，网页界面的设计风格如何更迭，设计师要从用户的需求出发，设计功能性与形式感完美统一的网页作品的基本原则是不变的。

在崇尚个性的今天，网页设计也不可避免地需要体现自身的特点。在遵循基本设计原则的前提下，设计师需要根据行业和用户的差异，合理增加个性化因素。这首先要求网页设计师要对行业和用户做一个理性的调查和分析，再结合设计师自身对艺术、审美、时尚的理解，运用感性和理性的手法，在网页设计作品中综合完美地表现出来，这也是现代网页设计师的根本使命。

简单地说，一个成功的网页设计作品（即信息）能够高效，并且准确无误地传递给用户，用户对网页内容印象深刻并保留深入了解的欲望。这其中，组成网页作品的文字、色彩、图形或图像、链接、导航等元素是构成网页作品成功的几个不可或缺的必要条件。如何将这些可视和可用的元素以恰当的形式表现出来，同时完美地展现其功能性，是目前很多设计者需要认真思考的，这也是木书作者的一个最简单、最基本的初衷，希望能以此为契机，和网页设计界的同仁们共同探讨未来网页设计发展的各种可能性。由于能力所限，本书内容或许会有各种不妥之处，望各位批评、指正、包涵！

作　者
2015.6

目　　录
contents

第1章　网页设计概论　　　　　　　　　　　　**1**

1.1 网页设计基础　　　　　　　2

1.1.1 网页的定义和基本构成　　　2

1.1.2 网页的分类　　　　　　　　3

1.1.3 网页的特点　　　　　　　　6

1.2 网页的整体规划　　　　　　7

1.2.1 前期调研阶段　　　　　　　8

1.2.2 创意与风格定位阶段　　　　8

1.2.3 设计制作阶段　　　　　　　9

1.2.4 发布、测试和维护阶段　　　9

第2章　网页的版面设计　　　　　　　　　　　**11**

2.1 网页版面设计的基本原则　　12

2.1.1 强调　　　　　　　　　　14

2.1.2 重复　　　　　　　　　　14

2.1.3 对比　　　　　　　　　　17

2.1.4 平衡　　　　　　　　　　22

2.1.5 对齐　　　　　　　　　　25

2.1.6 节奏和韵律　　　　　　　28

2.1.7 简约　　　　　　　　　　29

2.2 网页版面设计的基本方法　　32

2.2.1 网页版面的视觉引导　　　32

2.2.2 页面内容　　　　　　　　33

2.2.3 视觉元素   34

2.3 网页的版面结构   35

2.3.1 规则的组合方式   35

2.3.2 不规则的组合方式   44

2.4 网页版面的基本类型   46

第 3 章　文字的编排与设计   57

3.1 网页文字的使用和编排   58

3.1.1 字体的使用   58

3.1.2 字号的使用   59

3.1.3 字距和行距   60

3.1.4 文字的编排   60

3.2 网页文字设计的基本原则和方法   63

3.2.1 文字设计的基本原则   64

3.2.2 文字设计方法   69

第 4 章　图像的处理   77

4.1 图像的规格   78

4.1.1 图像的使用规则   78

4.1.2 图像的格式   81

4.2 图像和风格主题   83

4.3 统一与背景   88

4.3.1 图像的统一   88

4.3.2 图像的背景   89

第 5 章　网页色彩   93

5.1 网页色彩模式   94

5.1.1 216 网页安全色   94

5.1.2 网页色彩模式   95

5.2 网页配色原则　96

　　5.2.1 色彩的鲜明性　96

　　5.2.2 色彩的独特性　96

　　5.2.3 色彩的适宜性　101

　　5.2.4 色彩的联想性　103

5.3 网页配色方法　110

　　5.3.1 单色的使用　110

　　5.3.2 相似色的使用　116

　　5.3.3 补色的使用　118

第 6 章　网页设计中需要注意的一些细节　121

6.1 导航　122

　　6.1.1 导航的位置　122

　　6.1.2 导航的表现形式　129

　　6.1.3 导航的功能性　132

6.2 主页　132

6.3 页脚　140

6.4 网页中的图形符号　142

参考文献　146

后记　147

第 1 章
网页设计概论

ART & DESIGN OF
WEB   PAGE

1.1　网页设计基础

1.1.1　网页的定义和基本构成

网页是存放在 Web 服务器上供客户机用户浏览的页面——HTML 文档。HTML（Hyper Text Markup Language，超文本标记语言）是一种可以在 Internet 上传输，并被浏览器识别和翻译成页面显示出来的文件。网页的核心就是超文本技术。要让浏览器显示出用户想要网页表现出的样式，就要用 HTML 语言设定版面的编排。浏览器是一个用于定位和阅览 HTML 文档的程序。

网页包括以下基本内容：文字、图像、链接、声音和影像等。

1．文字

这里的文字是指文本文字，而非图形化的文字。文字是网页中的基本元素，信息的传达主要是以文字为主的，如果网页缺少文字元素，用户会对网页信息无法准确理解和接受。

在网页中可以通过字形、大小、颜色、底纹、边框等来设置文字的属性。

2．图像

图像能使网页的意境发生变化，并直接影响浏览者的兴趣和情绪。图像是除文本之外，网页上最重要的设计元素之一。一方面，图像本身是传递信息的重要手段，它比文字更直观、更生动，可以很容易地把文字无法传递的信息形象地表达出来；另一方面，图像的应用使网页界面具有更强的可视性和趣味性，使用户更容易理解和接受页面信息。

3．链接

链接是网页中最神奇的部分。它广泛地存在于网页的图片和文字中，从一个网页指向另一个目的终端，这个目的终端可以是一个网页，也可以是一幅图片、一个电子邮件地址、一个文本文件或者当前网页中的某个特定位置。因为链接的存在，网页之间才能成为一个整体，可以说链接是一个网站的灵魂所在。

4．声音和影像

随着技术的发展和用户需求的增加，简单的网页功能已不能满足人们的视听觉要求，丰富多彩的音频和视频元素成为网页内容必不可少的组成部分。声音和影像的出现，使网页用户体验达到了前所未有的新境界。

随着技术的发展，在网页未来的发展过程中，必定会有更多、更新颖的用户体验方式出现。

1.1.2 网页的分类

因为网站的数量众多和网站内容的纷繁复杂，针对网页的分类有多种方式，本书尝试从以下几个方面对网页进行分类，以便能从不同类型中寻找出网页的共性和特点．

1．按照网站的技术表现形式分类

按照网站的技术表现形式，网页可以分为：静态型网页、动态型网页和交互型网页。

1）静态型网页

静态型网页是指网页里面没有程序代码，不会被服务器端执行。这种网页通常在服务器端以扩展名 htm 或是 html 存储，表示里面的内容是用HTML 语言编写的。用户在浏览这种扩展名为 htm 的网页时，网站服务器将不执行任何程序就直接把网页内容传给客户端的浏览器进行解读工作，除非网站设计师更新过网页档案的内容，否则网页的内容不会因执行程序的不同而发生改变（图 1-1）。

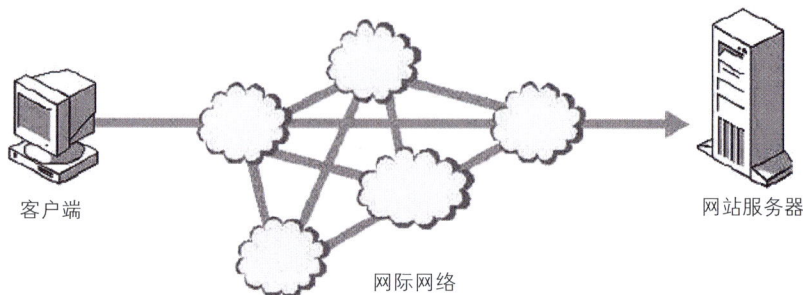

图 1-1

2）动态型网页

动态型网页是指网页内含有程序代码，并会被服务器端执行。这种网页
通常在服务器端以扩展名 asp 或是 aspx 存储，表示里面的内容是动态网页
（Active Server Pages，ASP），网页内包含可执行的程序。用户浏览动态网
页时由服务器端先执行程序，再将执行完的结果发送给客户端的浏览器。这
种动态网页会在服务器端执行一些程序，由于执行程序时的条件不同，执行
的结果也可能会有所不同，所以这类网页被称为动态网页（图 1-2）。

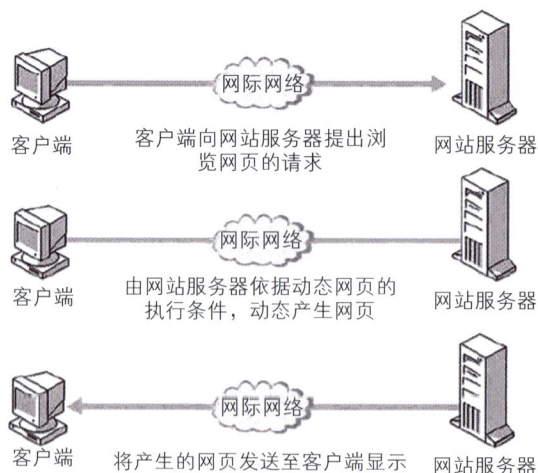

图 1-2

3）交互型网页

交互型网页是动态型网页的衍生，是指网页和用户之间信息传递的双向性动作，用户能够直接与网页内容或该网页的其他读者进行信息交流。交互型网页使得虚拟的网络世界变得更具体、更直观，给用户带来了更加人性化的网络体验。从某种程度上讲，所有的网页都需要具备交互功能，用户可以根据自己的习惯来选择使用方式。交互型网页是网页发展的必然趋势。

2．按照网站推广目的分类

按照网站的推广目的，网页可以分为：商业类网页、教育类网页、休闲娱乐类网页、行业门户类网页、科技类网页、个人网页等。

1）商业类网页

商业类网页具有很强的商业属性，网页界面设计的成功与否直接关系到企业良好形象的树立，是企业和消费者互动最便捷的窗口。

2）教育类网页

教育类网页是针对特定人群，围绕特定的教育主题，进行特定教育信息的发布、检索以及互动学习。该类型的网页信息量较大，互动要求高。

3）休闲娱乐类网页

此类型的网页内容和人们的日常生活息息相关。网页特点是内容丰富，娱乐性强，设计风格多变，色彩搭配较活泼、鲜艳。

4）行业门户类网页

行业门户网站的显著特点是大、多、全，网页信息分类详细，涉及的内容也非常广泛。其针对的用户年龄跨度很大，因此访问量也很大。此类网页广告较多，风格各异。

5）科技类网页

科技类网页通常以展示、推广产品为主，这类网页主要追求创意的新奇、设计个性的标新立异。

6）个人网页

个人网页有别于以上几类网页，虽然它不排斥一些基本的业务信息，但它更倾向于展示个人的某些特性，设计风格更为标新立异。相比以上几种网页，个人网页的信息量较少，更突出展示设计风格的多元性。

对于网页的分类还有许多其他不同的方式。如按照网站拥有者的不同，网页可以分为：个人、企业、政府、教育部门、组织机构网页等；按照网站功能不同，网页可以分为：信息浏览、即时交流、电子邮件、搜索引擎、电子商务网页等。由于篇幅所限，在此不一一赘述。了解网页的分类，有助于今后进行网页设计时，针对不同的用户群进行明确定位，准确把握网页风格特点，这是网页设计成功的基本前提。

1.1.3 网页的特点

1．具有交互性

相对于纸质媒体和影视传播等传统传播媒介，网络媒介的最大独特性就在于其具有交互性。人们可以运用综合的信息传递感官，借助视、听、触觉等感官来获取更广泛的资源。

网页的超链接功能使用户享有高度的主控权，用户可以根据自己的需求选择信息，表达自己的观点，甚至形成某种形式的作品；用户也可以对网上的某些信息做出自己的决定，并将其上传到网络媒体中，成为网络信息的一部分。因此在网络世界里，信息的传递、发表不再是少数报社、出版商所拥有的特权，每个人都可以成为信息的消费者，同时也是信息的生产者，用户也不仅仅是信息的接受者，他们拥有更大的选择自由和参与机会。

网页的交互性有助于满足用户对个性化信息的需求，满足用户的参与性，以及实现用户某种愿望、目标和能力的需求。

2．时效性强

时效性是信息社会对信息传达的最基本要求，网页以其快捷的传输充分体现着现代信息社会的时效性。

虽然目前网络速度仍然会受到某些客观因素的影响，但是相比传统的传播媒介，时效性是互联网在信息传输方面的明显优势。当报纸、杂志还在制版印刷时，当广播、电视还在后期制作时，通过互联网发布的信息早已传达到用户的身边。互联网的迅速便捷为网页信息的传递提供了前所未有的传播捷径。

3．更新及时

网页信息传达所具备的交互性特点，使得网页信息可以不断更新，因此网页作品发布后并不意味着工作结束，网页传递到主机上之后，网站开发人员必须根据用户的反馈信息和网站各个阶段的经营目标，配合网站不同时期的经营策略，对网页进行定期或不定期的调整和修改，以达到最好的传播效果。

4．不受时间和地域的限制

网络信息的依托是互联网，所有信息一旦进入互联网都处于同一时间和空间内，不再受地域和时间的限制，因此，网页具备的这个优势令其他传统传播媒介望尘莫及。

5．信息反馈及时、准确

在互联网上信息反馈通过计数器、留言本、电子邮箱及对用户的跟踪系统来完成。相对于传统的市场调研方式，这种基于数字技术的信息反馈方式更加及时、准确、有效和全面。

6．具备多媒体功能

网页的资源优势就是它的多媒体功能。互联网通过文字、声音、图像、动画甚至虚拟现实技术来进行信息的交流传递，用户可以在网络上一边查找信息，一边享受互联网带来的乐趣，比如在线音乐，网络电视、电影，网络视频直播等。因此，多媒体的综合运用是网页信息传播的重要特征之一。

7．注重立体结构设计

网页的最终表现效果容易受平面的表现空间以及用户终端设备等因素所限制，因此网页更注重立体的整体纵深性结构的设计，这也是网页有别于传统媒介的一个显著特点。合理、完善的网页立体结构对于网站自身的上传维护、内容的扩充和移植，以及网站的推广和销售都有着重要的影响。

1.2　网页的整体规划

随着网页技术的飞速发展和硬件条件的提高，更复杂、庞大的站点应运而生，网站的创建不再是简单地将几个页面串联起来，或者开发几个界面模板后再填充内容就可以了。网站的建设已经成为一个庞大的系统工程，在确定了网站的主题内容之后，网页的设计要进行前期调研、风格定位、素材收集、设计制作、测试发布、后期维护等一系列的工作，以一种清晰而明朗的方式来开始这项系统工程。

1.2.1 前期调研阶段

调研阶段是所有设计工作的基础，也是非常重要的一个环节，这主要影响设计工作的可行性和可操作性。与其他的设计准备工作一样，要从主客观角度入手了解以下内容：相关行业的市场特点和发展态势，行业特定消费群的年龄、心理特点和消费习惯，竞争对手的优势和劣势，以及所能提供的资金投入等。只有对这些内容进行翔实的调研和分析工作后，才能够做到有的放矢。

解决了以上问题，就可以着手确定网站的风格定位、栏目划分及技术方案等项目内容了。

1.2.2 创意与风格定位阶段

1．网页的创意

创意是网页设计的灵魂所在，缺乏创意的网页是没有生命力的。好的创意可以使网站深入人心，充满魅力，让用户印象深刻，过目不忘。但是创意不是凭空而生的，它需要设计者平时的学习和素材的积累，在这个过程中创意会逐渐孕育而生，这是一个厚积薄发的过程。

创意是风格的灵魂。通常设计是在规则与反规则、技术与反技术的矛盾中追求"新异"。网页界面设计的规则与印刷品的设计规则一样，存在于信息要素、装饰要素、思维要素等不同的关系之中。

2．网页的风格定位

网页的风格定位和网页的创意需要统一，网页的整体设计风格需要通过图形、文字、色彩等视觉元素来表现。不同性质的行业网站应体现不同的风格类型。

在风格定位时必须要考虑以下几点：

（1）确保形成统一的界面风格。页面上的图像、文字、背景颜色、区分线、字体、标题、注脚等所有视觉元素都要形成统一的风格，这种整体的风格要与其他网站的界面风格相区别，形成自己的特色。

（2）确保网页界面的清晰、简洁和美观。这会使得网站具有更强的易访问性和易操作性。

（3）确保各类视觉元素的合理安排。确保用户在浏览网页的过程中体验到视觉的秩序感、节奏感和新奇感。

一个网站的内容如果没有特色，风格将失去价值；如果没有风格，内容也将损失价值。

1.2.3 设计制作阶段

这个是最实际的操作阶段，如果没有前期的准备工作，这个阶段的工作将会变得无的放矢。因此，在这一阶段的工作中，设计者需要按照前期既定的设计方案，在网页界面创意设计定位策略的引导下，进行设计制作工作。为了保证网站整体风格的统一，任何不符合整体风格的设计元素都必须删去，一切分散注意力的视觉元素，以及可有可无的"装饰"都应该适当摒弃，其最终目的是把参与界面构成的视觉元素与页面的信息内容进行有机融合，页面上所有的信息将通过最有效的方式传递给用户。

1.2.4 发布、测试和维护阶段

网页作品设计制作完成后，需要进行测试和发布。网页的测试包括内容、界面、功能和目标，对这些条目进行测试无误后，进行最后的上传发布。这是网页设计的最后阶段，网页设计的成功与否取决于用户的评判。经过试运行调整后，设计制作就宣告完成，接下去的工作就是维护与更新。

网站维护是网站建设中极其重要的部分，也是最容易被忽略的部分。不进行维护的网站，很快就会因内容陈旧，信息过时而无人问津，或因技术原因而无法运行，这是目前网站建设中最大的弊病之一。

建好网站只是迈出了网站应用的第一步，要真正让网站发挥作用，还需要网站维护及网站推广，为适应技术更新而升级，这些都是必不可少的。网站开发是一个持续的过程。

第 2 章

网页的版面设计

ART & DESIGN OF
WEB PAGE

2.1 网页版面设计的基本原则

网页的版面设计是将丰富的信息和多样化的形式组织在一个统一的页面结构中，所有的细节不但各得其所，而且各有不同的分工。网页的版面设计规则与印刷品的设计规则一样，存在于信息要素、装饰要素等不同关系之中。文字、图片、符号相互作用，建立起一套整体有效的信息传递系统，构成网页的信息要素。点、线、面、色彩的组合运用构成网页的装饰要素。网页界面的装饰是各部分视觉要素在页面内进行规划的结果，网页的整体结构是基于装饰要素的对立或平衡而形成的。

网页的版面结构划分是将视觉元素进行相互配合时所显示出的视觉差异。它体现在各种视觉元素的形态、对比、协调等关系中。网页的版面结构对表达网站的风格类别具有十分重要的作用。因此，可以从一些优秀的网页中了解网页版面设计的规律，这有利于突破一般构成法则，追求网页设计的至高境界。图 2-1 和图 2-2 是 Yojin 公司的网站，网站界面采用卷纸效果增加界面的层次感和动态效果，在传统的二维空间营造三维效果，整个网页的版式和风格与网站的建筑主题非常吻合，有效地展示了网站的宣传主题。This is now 公司的网站首页则采用了版式分割的创意手法，使用动态图形作为背景，同时将网站的主题贯穿于网页的始终（图 2-3）。

图 2-1

图 2-2

图 2-3

2.1.1 强调

强调是为了突出页面中非常重要的信息内容。这种手法类似于构成法则中的特异原则，设计者可以创造出能够有效实现信息传递的层次结构设计。为了围绕这一原则来设计，设计者首先需要分析网站的信息内容，确定应该采取何种分级方式，然后将这些内容按照重要性的不同等级进行规划设计，使页面的版面层次结构清晰，重点突出。需要注意的是，强调的手法应该避免强调过多的信息元素，因为当试图让一切都成为重点的时候，那么一切也都不会成为重点。Pegadaecologica 网站首页（图 2-4）采用了图形和简单文字结合的方式以突出网站主题，页面中最强调、突出的是网站的标题。

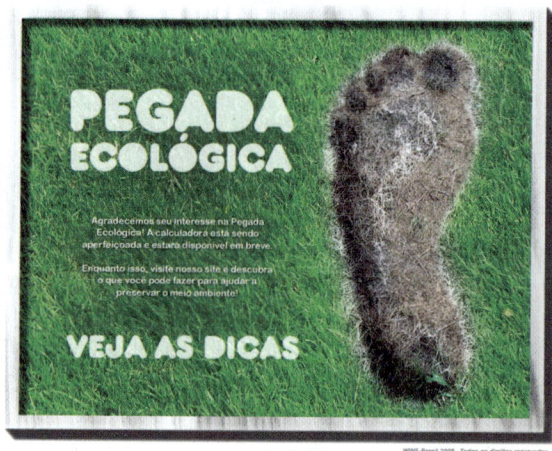

图 2-4

2.1.2 重复

相比较而言，重复在设计中是以一种平淡温和的面貌出现的。重复的表现形式多种多样，它可以是形或线的形状、大小、方向以相同的方式出现，使页面产生安定、整齐、规律的氛围。重复在版面设计中的优势是它的可预测性。如果网站以统一的方式来展现其版面结构，那么对于用户来说，网站的整体识别性就会增强。相反，如果一个网站的每个页面都以不同的模板形式来展现，那么这个网站的版面设计就缺乏视觉的连续性，用户的视觉识别性也会大大削弱。Nerisson 网站的首页采用了六角形的绝对重复方式，将各个链接放入其中，这样的设计可以让用户非常方便地找到导航内容，同时强化了页面的视觉效果（图 2-5）。Gonzelvis 网站的首页则采用了立体四边形的方式排列重复的图形，并将网站的导航图形放在其中，页面采用了交互式动态网页技术，使得网站在简单的二维空间中显示出丰富的立体效果，增加了网站的视觉趣味性（图 2-6）。和前面两个网站不同，Second World Cup

图 2-5

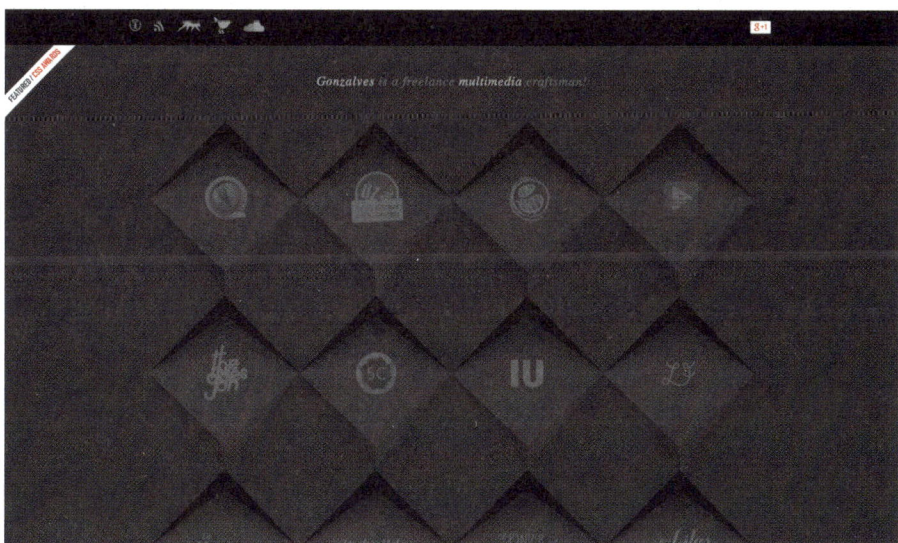

图 2-6

网站的首页为了突出网站的主题，采用了大小不同的圆形进行不规则的排列组合，使页面富有动感，非常贴切地展示了网站的主题（图 2-7）。

在使用重复设计方法时需要注意，重复在视觉感受上容易显得呆板、平淡，缺乏趣味性，因此对于网页版面中的重复，需要关注的是版面构成元素如何以不拘一格的方式多次出现。可以适当添加一些交叉与重叠，增加页面版式的趣味性，提高用户的视觉关注度。例如，Duplos 网站首页虽然使用了重复设计的手法，但是重复的视觉元素做了大小、位置、形式的变化，增加了页面的层次感和空间感（图 2-8）。

图 2-7

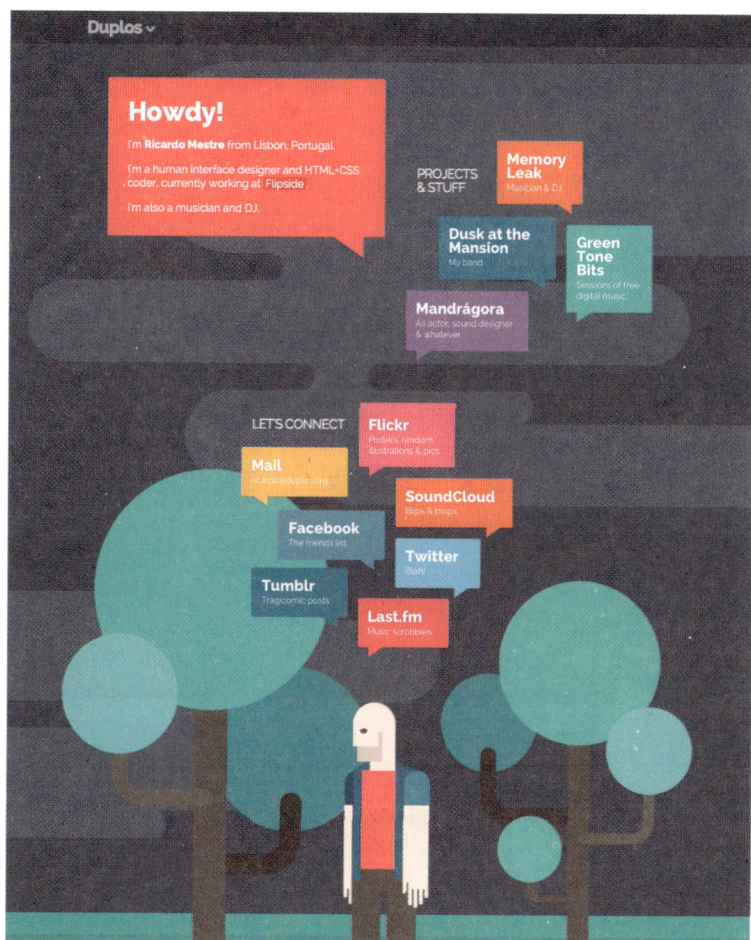

图 2-8

2.1.3 对比

对比是指两个或者多个视觉元素之间的差异。设计中的对比能够给网页带来视觉上的变化，不会让人感觉到索然无味。对比还能帮助网页聚集用户的视觉焦点，从而满足传递某些重要页面信息内容的需求。对比还可以对其他设计原则产生影响，设计者可以运用不同的视觉元素来实现对比。例如图形、文字和色彩三者在页面中排列组合，互相比较之下，会产生大小、明暗、强弱、粗细、疏密的对比。大众汽车公司甲壳虫车型的网站页面设计采用了图形对比的方式，将车身的造型和唱片以及封套之间的图形做了对比组合，

结合黄黑两色的对比，极大增强了画面的视觉冲击力（图 2-9）。Sberbank1
网站的首页采用了线和面的对比方式构成手法，丰富了页面的层次感
（图 2-10）。该网站的内页也采用了大面积对比的方式，在变化的基础上增
加页面的稳定感，适合放置更多的文字内容，装饰性和功能性结合得很好
（图 2-11）。

图 2-9

图 2-10

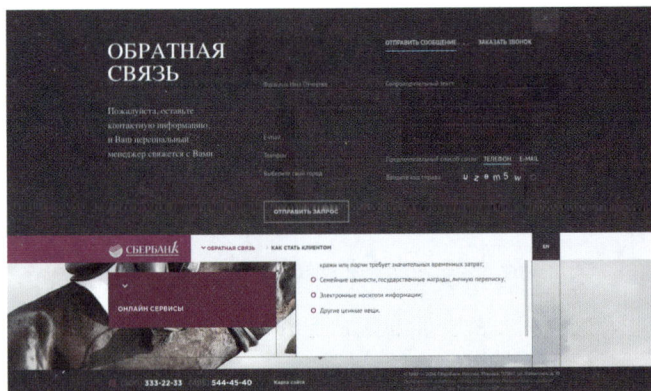

图 2-11

　　因为对比手法常常被用于加强所期望的信息重点，所以它能在页面的层次结构上产生最大的影响。通过这种方式，对比可以对网页版面的视觉秩序产生作用，能够迅速引起用户对关键元素的关注。因此，设计者需要认真考虑网站的种种需求，有意识地运用对比来吸引用户关注某些元素。GoodBytes 网站首页设计将页面分割成两部分，综合运用了色彩、图形、文字和图像对比的方法，极具个人风格。该网站的页面将内容丰富的图像作为背景，网站的主题和标识则运用简单的文字说明，页面的下半部分使用了简单的色块和图片背景做对比，色彩则运用了两组互补色。整个页面在丰富的背景下，运用了简洁、夸张的对比手法，使得页面繁中就简，很好地展示了网站的主题（图 2-12）。Jan Mense 网站也同样将网页分为上下两个部分，以图形和文字对比的方式，统一在矢量图风格之中，很好地体现了作为设计类网站的风格特色（图 2-13）。对比的手法非常多样化，也包括图像内容以及版式设计方面的对比，这在网站设计中非常常见（图 2-14，图 2-15）。

图 2-12

图 2-13

图　2-14

图　2-15

2.1.4 平衡

相比于对比而言，平衡的版式设计会给网页带来一种视觉感受上的稳定性。平衡原则主要考虑设计中的元素如何分布，使得页面中的每一个版块基本一致，以达到设计的视觉平衡。也就是说，页面中的某些元素被集合到一起，就形成了视觉重量，这些视觉重量一定要用一个分量相当且方向相反的重量来抵消掉，否则就会导致视觉的不稳定。

平衡有两种方式：对称平衡和不对称平衡。

1．对称平衡

当页面的形式构成是基于某条轴线对称，并且轴线两边的视觉重量相同时，就实现了对称平衡。网页的版式设计中绝对的对称平衡很少用到，而常用左右水平对称的手法，通常是从中分开的左边和右边有着相同的视觉重量（图 2-16）。Flourish Web Design 网站首页就使用了均衡对称的手法，将一些必要的导航信息放入左右对称的位置，在平衡视觉的同时将用户的视线成功吸引到重要的信息位置（图 2-17）。

图 2-16

图 2-17

2．不对称平衡

不对称平衡是指使用不同视觉元素来实现视觉的整体平衡。当页面的视觉重量被均匀分布到对称轴上，而对称轴两边的个体元素并不相对应时，就形成了不对称平衡。

因为不对称平衡常常是对所呈现内容的一种更加自然的处理方式，所以它在网页设计中极其常见。Nest 企业网站首页的版式设计就采用了不对称平衡的手法：页面的主要部分虽然在面积上被分为不完全对称的两个部分，但是在视觉元素设计上使页面达到了力量的均衡对称（图 2-18）。BlackBerry 企业网站首页将页面分为两个相等的部分，左右两边分别配以文字和图像的内容，使页面整体达到了视觉感受统一、均衡的效果（图 2-19）。This is Grow 企业网站首页也采用了不对称平衡的手法，采用文字和大面积空白的方式使网页达到了视觉平衡的效果（图 2-20）。Gavin Castleton 网站首页的设计采用不对称均衡的图像对比手法，产生了强烈的视觉效果（图 2-21）。

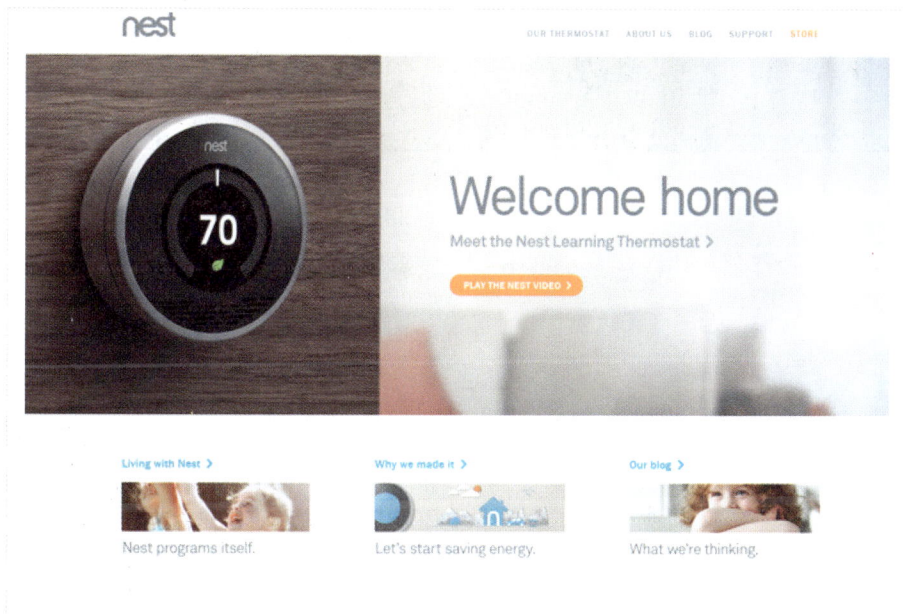

图 2-18

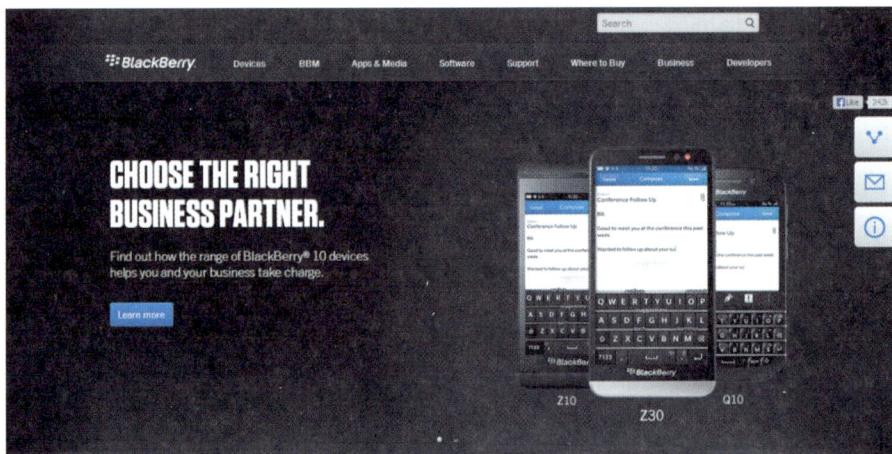

图 2-19

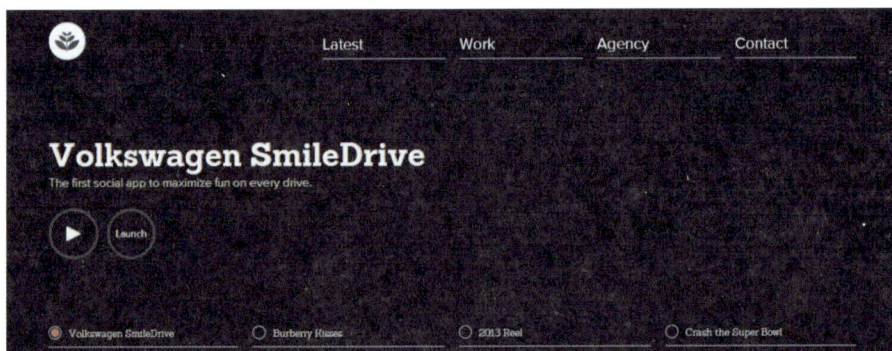

图 2-20

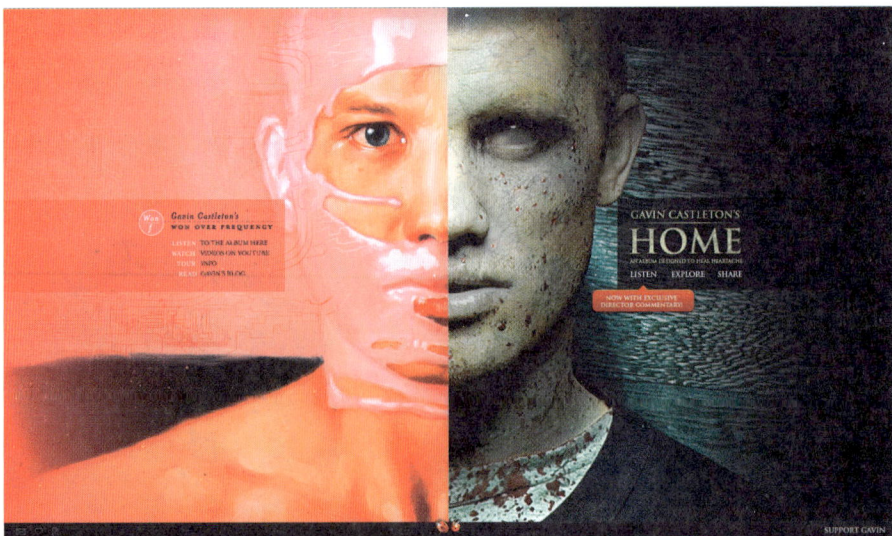

图 2-21

2.1.5 对齐

对齐是指以尽可能协调的方式将视觉元素的自然边界（或边框）排列起来的过程。这常常会用到网格，网格构成作为一种行之有效的版面设计形式法则，将构成主义和秩序的概念引入到设计中，使协调统一所有设计元素成为可能。

对齐设计在实际运用中特别强调比例感、秩序感、整体感和严密感，创造一种简洁、朴实的版面艺术表现风格，但过度使用对齐也会给版面带来呆板的负面影响。因此设计者在运用对齐设计时，应适当打破网格的约束，可以使用更微妙的对齐方式来实现统一且令人满意的设计，使画面更生动活泼，更具有趣味性。

Glossy Rey 网站首页采用矩形图像和图形对比的方式组合而成，并使用绝对对齐的方式，将不同的信息元素统一在相同的组合方式中，使页面层次丰富的同时也将导航链接直观地呈现给用户（图 2-22）。如果网站内容比较

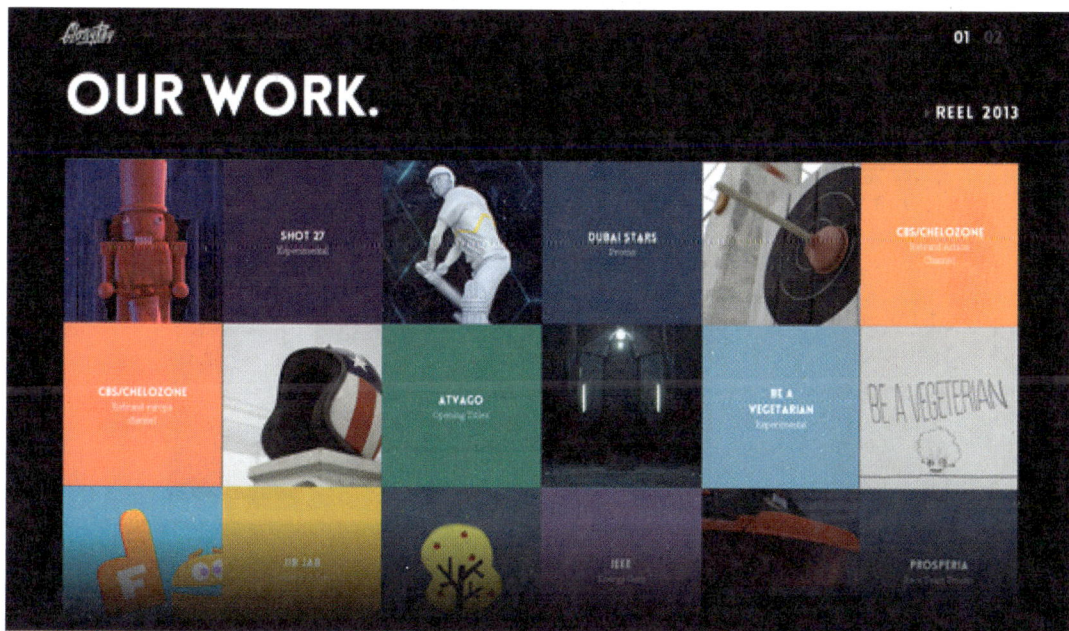

图 2-22

丰富，网页内容量较大，采用对齐的手法就非常实用，可以将繁复的内容整理干净，方便用户使用（图 2-23、图 2-24）。有时候简单的文字对齐也能营造独特的页面风格（图 2-25）。

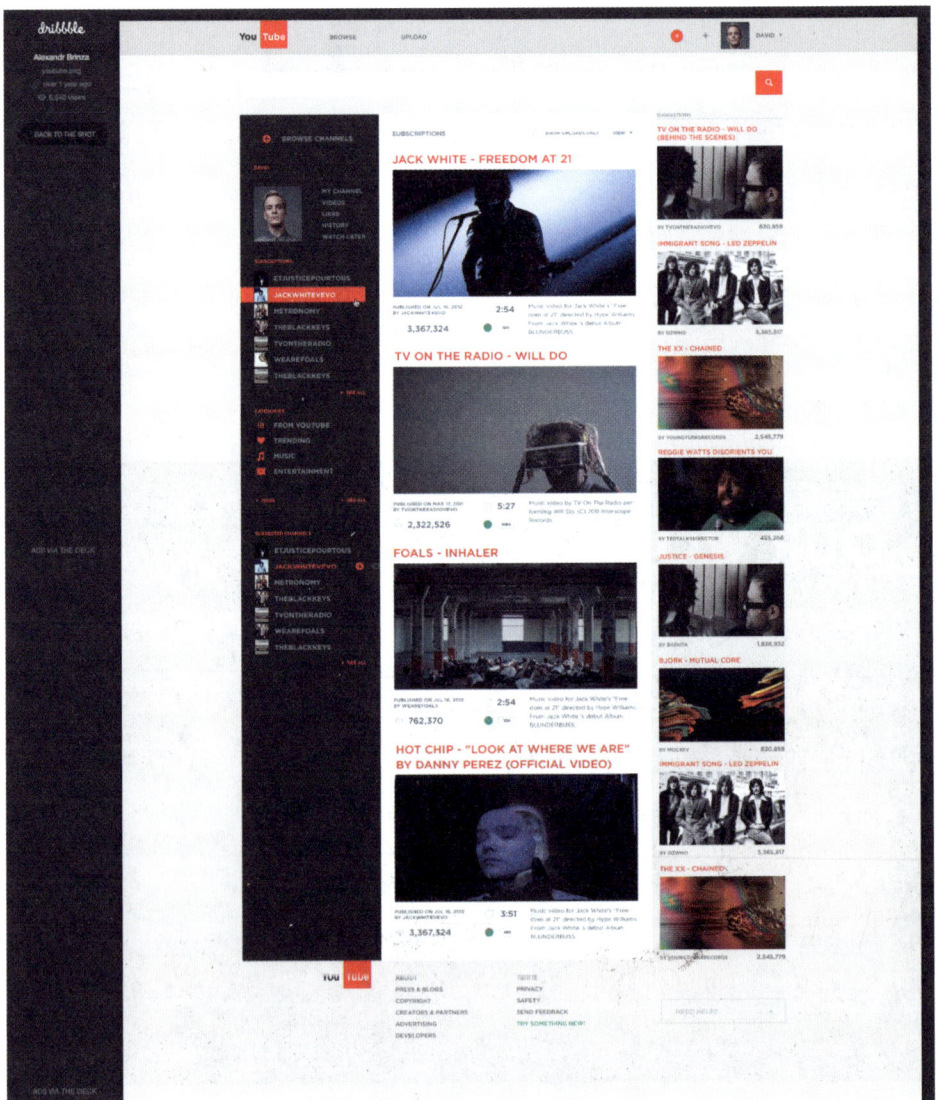

图 2-23

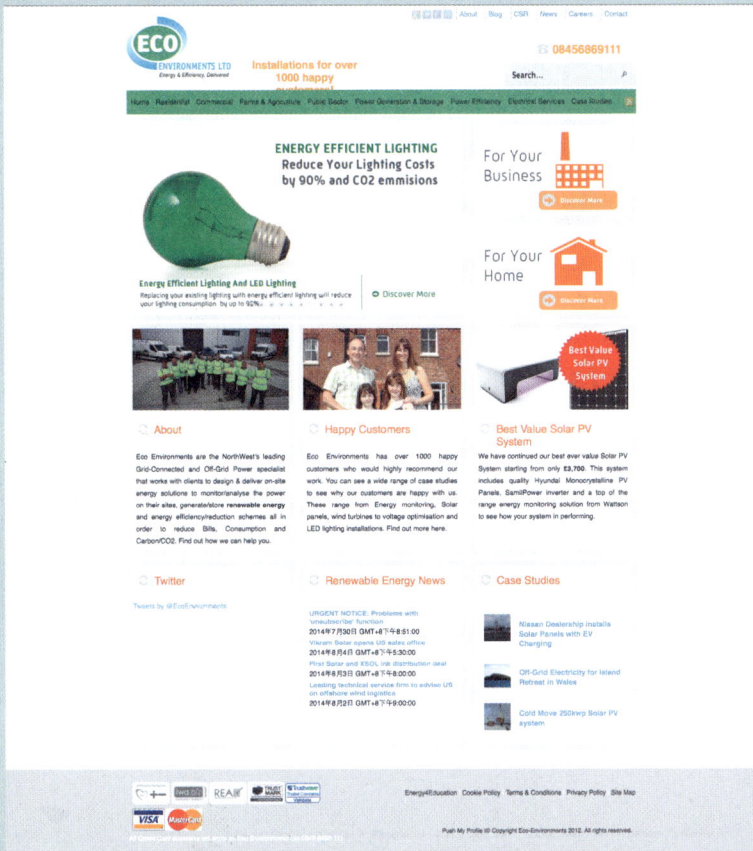

图 2-24

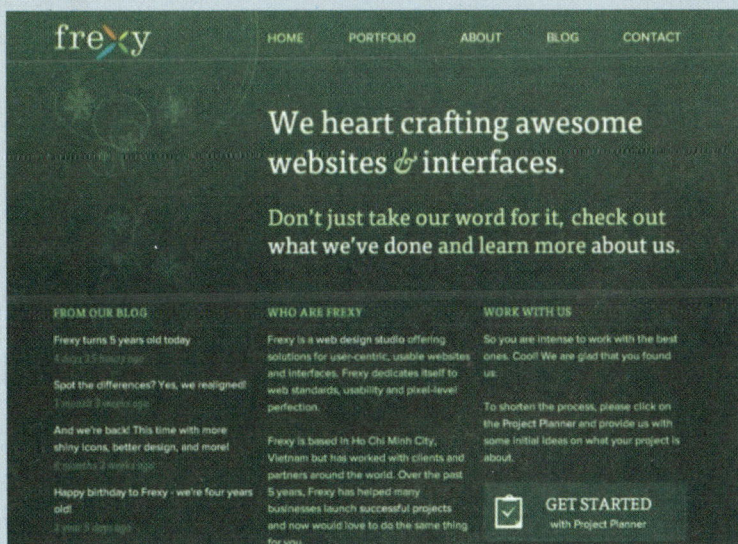

图 2-25

2.1.6 节奏和韵律

运动中的事物都具有节奏和韵律的形式规律，节奏和韵律本来是在音乐、舞蹈、诗歌及电影等具有时间形式的艺术作品中通过视觉和听觉来表现的。节奏本身没有形象特征，只是表明事物在运动中的快慢、强弱以及间歇的节拍。可以说节奏是条理与反复的发展，它带有机械的秩序美。韵律是每个节拍间运动所表现的轨迹，它带有形象特征。

版式设计需要节奏感和韵律感，节奏形式的运用是版式设计的必要手法，合理运用韵律形式，也可以取得不错的视觉效果。在具体的网页设计中，版面的结构设计就经常会遇到这个问题，优秀的版面设计富有音乐般的美感，同时丝毫不损其实用性，这需要不仅是从形状上，而且要从页面整体的色彩、大小、明暗等综合方面入手（图 2-26、图 2-27）。

图 2-26

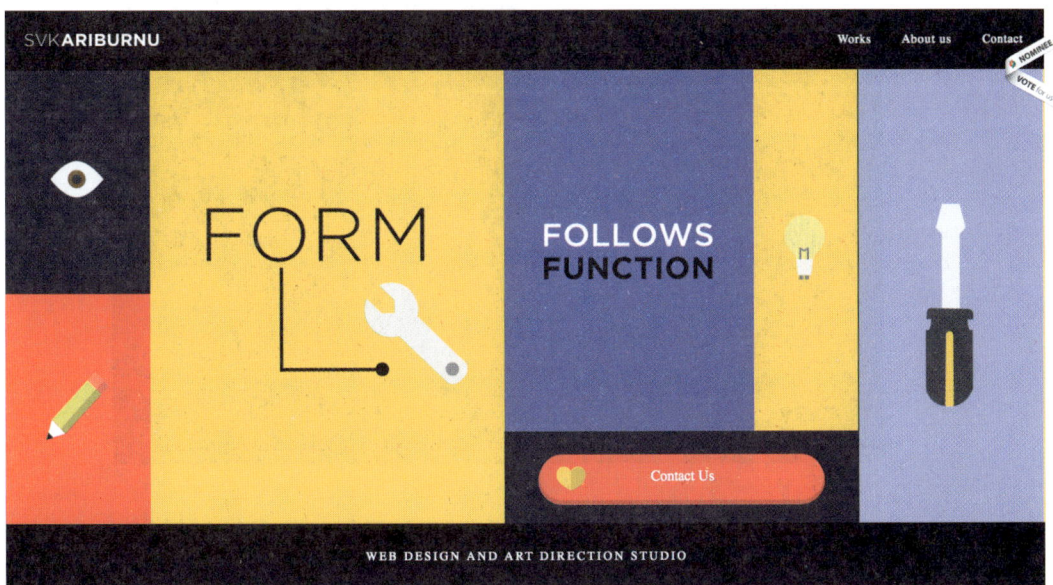

图 2-27

2.1.7 简约

简约设计历来都是最可行、最受欢迎的一种网站设计方法，这种风格不但能提供最实用的设计，而且永远不会过时。以这种风格设计的网站也非常易于创建和维护。但简约设计并不是一件容易实现的事情，需要在细节上煞费苦心，在微妙之处独具慧眼，因为"简约"并不意味着"简单"。图 2-28 采用极为简洁的页面设计，加上一些交互式动作，使网站富有一定的动感；设计师将最需要说明的网站主题采用言简意赅的文字标注在页面中心位置，主题突出，视觉中心明确，方便用户使用的同时也试图给用户留下深刻印象（图 2-28～图 2-30）。

版式设计的简约手法追求"少即是多"，简洁的图形、醒目的文字和宽大的色块会给人以悦目、舒适以及美的享受，令人百看不厌，回味无穷。所以需要认真研究版式设计中的构成法则，避免过多的、繁复的装饰。网页设计并非要把整个页面塞满了才能体现信息的丰富性，只要合理安排信息内容

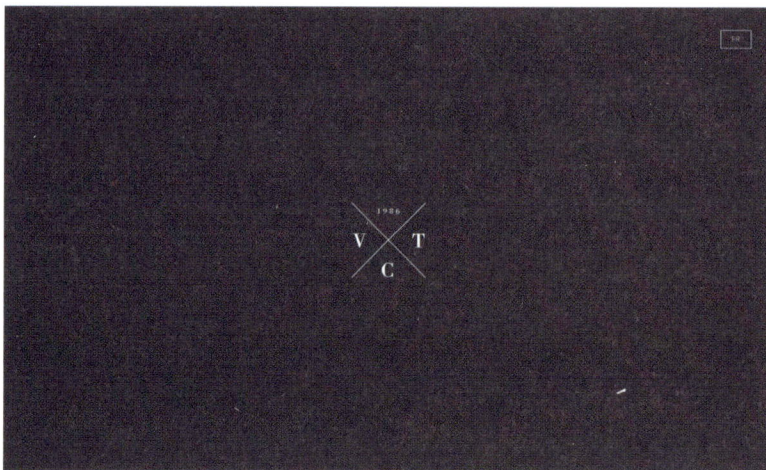

图 2-28

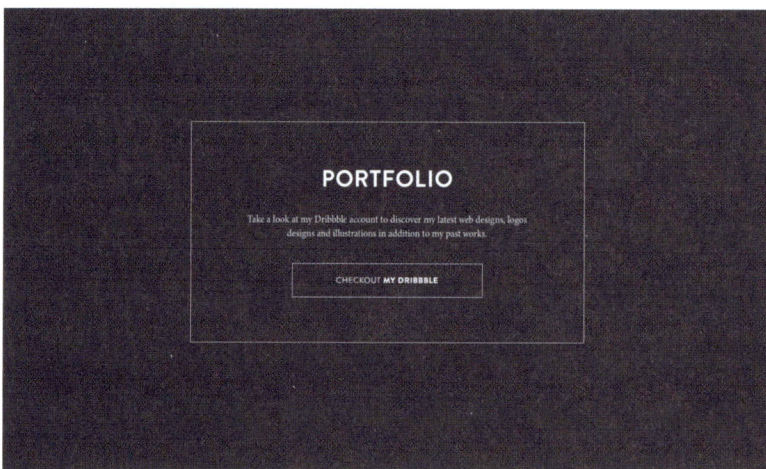

图 2-29

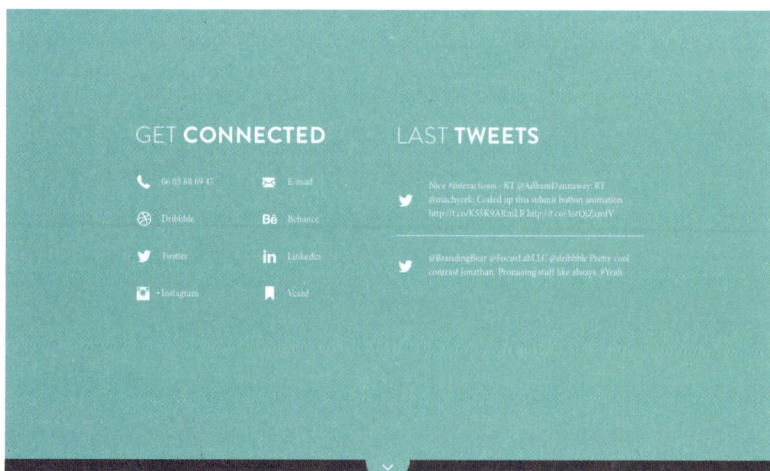

图 2-30

的位置，规划页面的布局，使页面达到基本的视觉平衡，即使大面积留白，同样会产生意想不到的视觉效果，不会让人感到内容空泛，信息量贫乏，反而会给用户留下广阔的思考空间，使人回味。BackBeat Media 网站只把最主要的导航放在主页上，配以简单图形和背景图片，网站设计师坚信只有这样的设计才可能成功吸引用户的视线（图 2-31）。

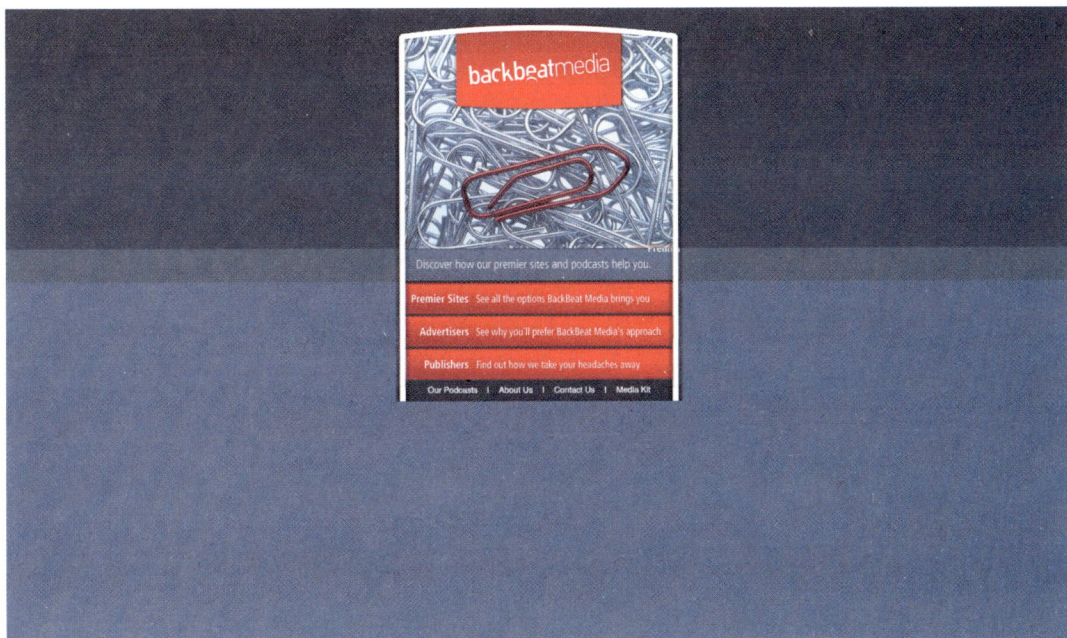

图 2-31

随着时代的不断发展进步，随着追求目标的不断变化，人们的审美观念也在不断变化，但是作为形式美的法则是不变的，网页的版式设计也需要遵循相应的设计原则。但是任何问题都不是绝对的，在遵循这些基本原则的同时，设计者更需要有创新的意识，将这些基本的设计原则灵活运用，而避免成为原则的奴隶。"仅仅是遵循某种原则并不能确保成功，也就是说这并不是开启优秀设计之门的万能钥匙。……这些原则一次又一次地激发了我优化自己的设计，并且使我了解了设计成败的关键。"①

---

① Datrick McNeil. 网页设计创意书（卷 2）［M］. 图灵编辑部，译. 北京：人民邮电出版社，2012.

2.2 网页版面设计的基本方法

网页版面设计的功能是对视觉元素的内容整合，在此基础上将重要的信息元素高效、快速地传递给用户，所以无论是文字还是色彩，视频还是图像，都是网页信息内容的重要载体，因此在既定的版面结构中合理规划、构建这些视觉元素和信息元素是非常必要的。

2.2.1 网页版面的视觉引导

人们在阅读中，视觉有一种自然的流动习惯，但是这种视觉的习惯又是可以被视觉元素影响的，如何科学地运用这种习惯，通过相应的设计手段来引导浏览者的视觉流程是设计师的一个重要任务。视觉流程的形成是由人类的视觉特性所决定的，受生理结构限制，人眼只能产生一个焦点，不能同时把视线停留在两处或更多的地方，我们可以做的是依照一定的视觉顺序浏览观察对象（图 2-32）。

浏览网页虽然是一个动态的视觉流程，但是平面设计中的很多规律同样适用于网页设计。一般来说，我们习惯于从左向右看，从上向下看，所以一个空白的网页给我们带来的自然视觉流程是从左上方到右下方的一个弧形曲线。在这个弧形曲线上，视觉优势从上到下递减（图 2-33）。

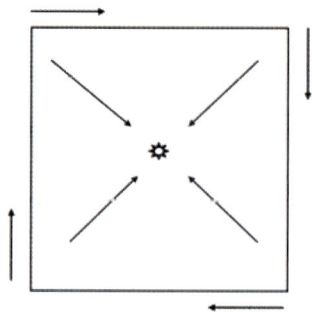

图 2-32

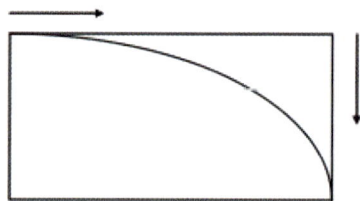

图 2-33

对视觉流程的分析，有助于合理设置网页中视觉元素的位置并对页面合理分区。例如网站 LOGO 一般被放置在被称为"网眼"的左上角——视觉优势区域，而网页 Banner 广告位于页眉比位于页脚效果更好也是这个原因。

视觉流程不是固定不变的公式，只要符合人们认知过程的心理顺序和思维的逻辑顺序，就可以灵活多变地运用。通过各种巧妙的编排手段改变视觉流向，如水平线让视觉左右流动，垂直线让视觉上下流动，而斜线则可以产生不稳定的流动等。

2.2.2　页面内容

文字、图片、符号、多媒体等的相互作用能够建立起一个整体的结构信息，构成网页的内容要素。为了方便用户的浏览，网页设计者必须将信息按主次分类，通过秩序化、条理化构成一个整体的网页形式，然后在此基础上进行网页版面的划分，以突出网页信息的内容要点。因此，网页的内容构成要素要遵循以下几个基本原则。

（1）网页内容应精心组织。

和任何设计一样，网页中的信息内容也需要经过精心的组织编排，才能确保网页信息内容的有效传递。所有的网页应当保持统一的主题或样式，这样才能将设计风格统一起来，任何形式的杂乱无章都会影响用户对网页的接受度。

（2）网页正文格式应精心设计。

网页版面的基本结构确定之后，作为内容的重要组成部分，正文的设计必须认真推敲，这是网页信息内容的主体。正文的格式应当作为设计的中心和焦点，这非常重要，因为这样用户才能快速、高效地在页面上找到所需要的信息。

（3）网页中的文字应准确无误。

作为信息传递的基本载体，文字必须做到准确无误，没有错别字、概念错误等。这是任何传播媒介都必须遵守的基本原则之一。

（4）注重网页的对比度和可读性。

无论多么富有创意的设计，都不能忽视网页信息的对比度和可读性。这可以通过对比和强调等手法来实现。

（5）为网页适当插入图片、图标和图形。

图片、图标和图形可以使页面更活泼，更富有趣味性，它们比文字更容易让用户接受，可识度较高，所以在网页设计中，图片、图标和图形占据了相当大的比重。但要注意的是，在单个网页中，切忌图片过多，以免喧宾夺主。

（6）为网页适当添加多媒体元素。

多媒体元素包括声音、动画、视频片段、音乐背景等，它们在网页设计中的作用类似于图像，甚至比图像传播信息的途径更直观，受欢迎度更高。但是单张网页中的多媒体元素要做到主次分明，条例清晰，切忌滥用多媒体元素。

2.2.3 视觉元素

视觉元素是视觉对象的外观表象，是指构成视觉对象的空间、形态、肌理、光色等基本单位。这些视觉元素是组成信息的不同单元，设计师将视觉元素排列组合成有含义的视觉形象，放在载体上进行信息的传达。最基本的视觉形态元素是点、线、面。它们不仅是概念中的元素，还可以通过不同的设计手法出现在不同的传播载体之上，成为具有形状的视觉信息元素。转化为视觉元素之后，点、线、面各有不同的形态。

点、线、面和色彩的组合运用构成了网页的装饰要素。网页版面的装饰是各个部分视觉要素在页面内进行规划的结果，网页的整体结构是基于装饰要素对立或平衡而形成的。要加强网页界面的视觉冲击力的常用手段之一是在冲突或矛盾中求得统一的视觉效果。

网页界面的装饰是将视觉元素进行相互配合时所显示出的视觉差异。它体现在各种视觉元素的形态、对比、协调等关系中。在这个过程中，需要注意以下几点：

（1）网页版面中的按钮和导航工具清晰。

这是用户方便快捷浏览网页获取信息的基本指南，就像地图一样，必须清晰无误。

（2）网页的背景添加要适宜。

网页的背景不能太花或太乱，不能喧宾夺主，否则会影响网页上主要信息的传递。

（3）网页的色彩搭配和谐恰当。

根据不同的网站主题，需要选择不同的色彩体系，这不仅和色彩的设计原则及方法有关，也和用户的心理、习俗、环境等各种因素有关。

（4）各视觉元素大小适中，布局均衡合理。

适当运用对比和均衡的手法，保持页面中各视觉元素之间的均衡。营造画面的稳定性和统一性。

（5）合理利用页面的空白。

这里所说的空白是和图形设计术语"空格"（或负向空间）是同一个概念，是指一个没有文字或图示的页面视觉元素。在网页中保留适量的空白是非常有必要的，空白处可以引导用户的视觉流向，使得页面设计富有生气，同时它还是构建画面平衡与统一的重要视觉元素之一。

2.3 网页的版面结构

网页的版面结构对网页设计来说，就像人体的骨骼一样，是支撑网页内容的坚实基础。网页的版面结构需要条理清晰，层次一目了然，这样才能让用户更方便快捷地浏览信息，理解网站想要传达的内容。因此，网页的版面结构划分要尽量人性化，易于信息的传递。

网页的版面结构决定着网页的基本表现形式，网页版面的划分和不同的排列组合方式对网站内容的表现效果有不同的影响作用。一般来说，网页的版面结构分为规则的组合方式和不规则的组合方式。

2.3.1 规则的组合方式

1. 上下结构

这是一种很常见的结构划分方式，如果网站内容不多，很适合这种组合方式，例如一些小型网站就比较适合使用这样的框架结构：通常是把企业标志、宣传广告通栏和导航放在页面上方，网站正文、图片、表格等内容放在页面下方。这种方式既可以在所有页面上使用，也可以仅在首页使用（图2-34、图2-35）。

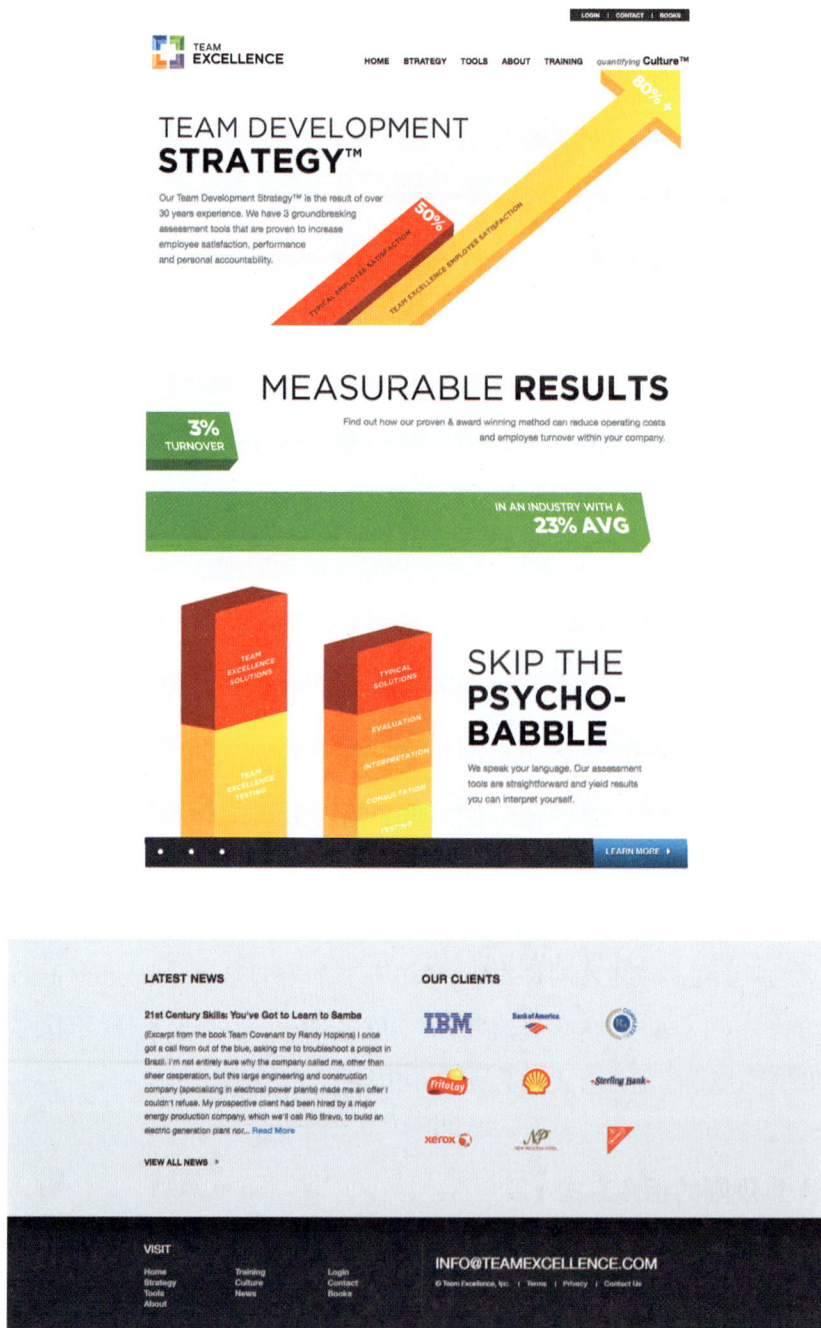

图 2-34

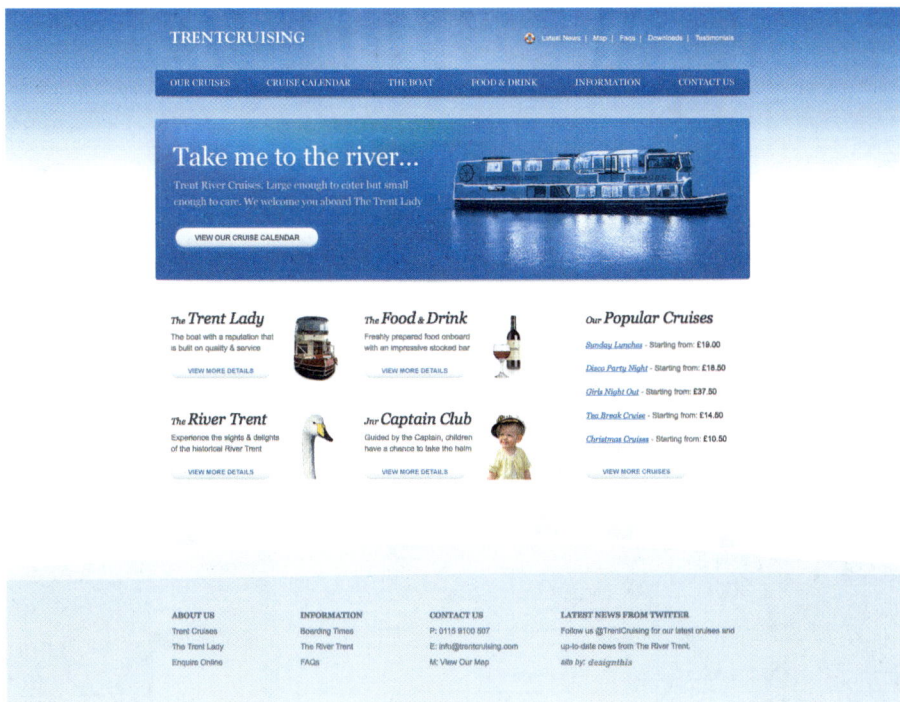

图 2-35

如果网页需要有大量的导航而且内容不多，可以将页头和导航等内容放在页面的上方，而下方则分为二栏，左右两侧放次级导航，中间放正文，这就是所谓的"三栏式结构"。这种构图方式需要适当的留白来保持页面的空间布局（图 2-36、图 2-37）。

2. 左右组合

这种组合方式也很适合内容较少的网站，一般是把导航放置在页面的左边，而正文、图片等内容则放置在右边（图 2-38、图 2-39）。左侧导航栏的格式是一种由来已久的模式，也是一种非常安全的设计方式。不过也有少数网站把导航、广告及下级的内容在页面的右边，而把页面的正文内容放在页面的左边。企业标志、徽章等图像则通常出现在页面的最上方（图 2-40 ～图 2-43）。究竟采取哪种排列方式，需要根据网页中的信息量和信息类型来决定。

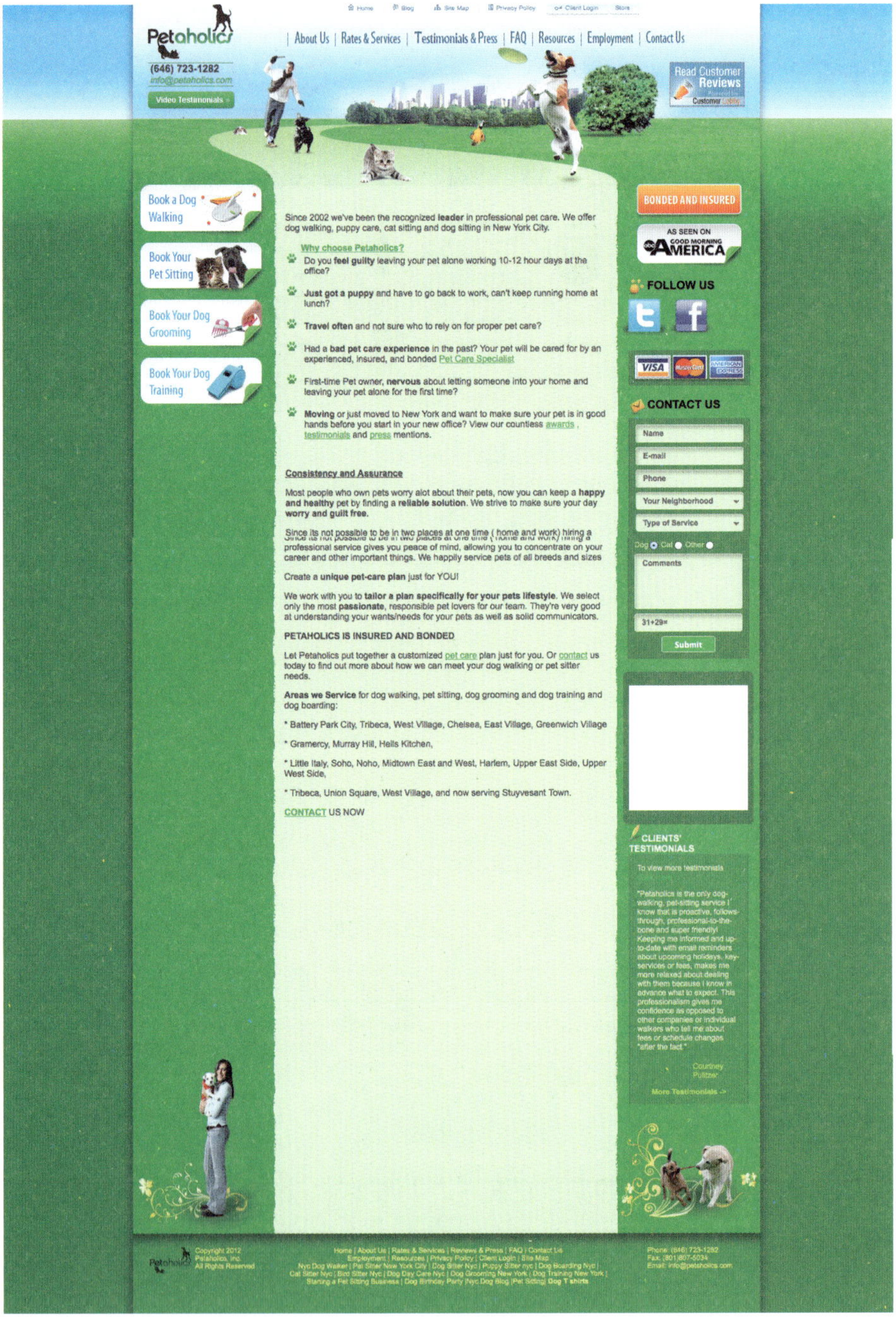
Home
Blog
Site Map
Privacy Policy
Client Login
Store
Petaholics
(646) 723-1282
info@petaholics.com
Video Testimonials
About Us | Rates & Services | Testimonials & Press | FAQ | Resources | Employment | Contact Us
Read Customer Reviews
Book a Dog Walking
Book Your Pet Sitting
Book Your Dog Grooming
Book Your Dog Training
Since 2002 we've been the recognized leader in professional pet care. We offer dog walking, puppy care, cat sitting and dog sitting in New York City.
Why choose Petaholics?
Do you feel guilty leaving your pet alone working 10-12 hour days at the office?
Just got a puppy and have to go back to work, can't keep running home at lunch?
Travel often and not sure who to rely on for proper pet care?
Had a bad pet care experience in the past? Your pet will be cared for by an experienced, insured, and bonded Pet Care Specialist
First-time Pet owner, nervous about letting someone into your home and leaving your pet alone for the first time?
Moving or just moved to New York and want to make sure your pet is in good hands before you start in your new office? View our countless awards , testimonials and press mentions.
Consistency and Assurance
Most people who own pets worry alot about their pets, now you can keep a happy and healthy pet by finding a reliable solution. We strive to make sure your day worry and guilt free.
Since its not possible to be in two places at one time (home and work) hiring a professional service gives you peace of mind, allowing you to concentrate on your career and other important things. We happily service pets of all breeds and sizes
Create a unique pet-care plan just for YOU!
We work with you to tailor a plan specifically for your pets lifestyle. We select only the most passionate, responsible pet lovers for our team. They're very good at understanding your wants/needs for your pets as well as solid communicators.
PETAHOLICS IS INSURED AND BONDED
Let Petaholics put together a customized pet care plan just for you. Or contact us today to find out more about how we can meet your dog walking or pet sitter needs.
Areas we Service for dog walking, pet sitting, dog grooming and dog training and dog boarding:
* Battery Park City, Tribeca, West Village, Chelsea, East Village, Greenwich Village
* Gramercy, Murray Hill, Hells Kitchen,
* Little Italy, Soho, Noho, Midtown East and West, Harlem, Upper East Side, Upper West Side,
* Tribeca, Union Square, West Village, and now serving Stuyvesant Town.
CONTACT US NOW
BONDED AND INSURED
AS SEEN ON GOOD MORNING AMERICA
FOLLOW US
VISA
CONTACT US
Name
E-mail
Phone
Your Neighborhood
Type of Service
Dog Cat Other
Comments
31+29=
Submit
CLIENTS' TESTIMONIALS
Copyright 2012
Petaholics, Inc.
All Rights Reserved

图 2-36

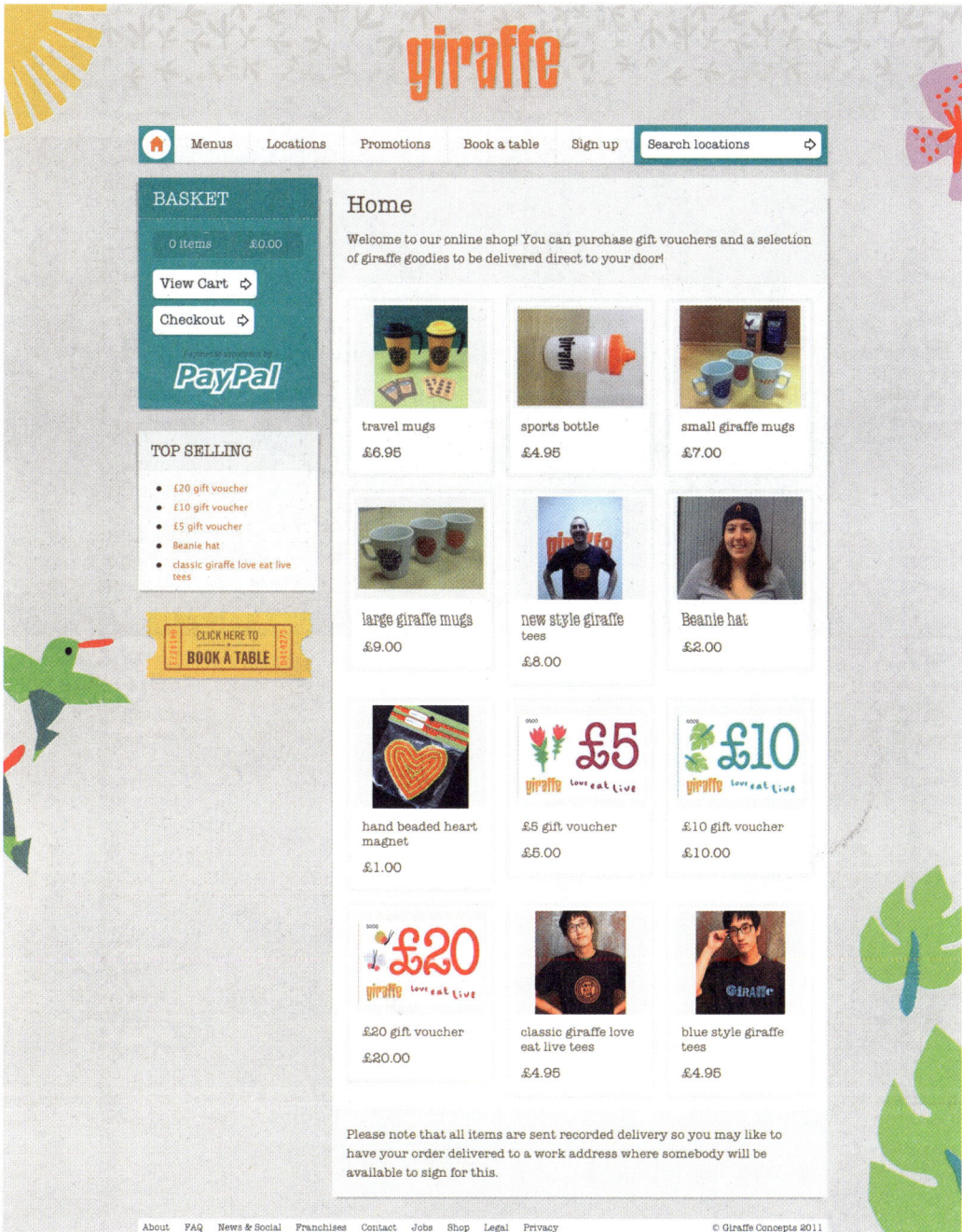

图 2-37

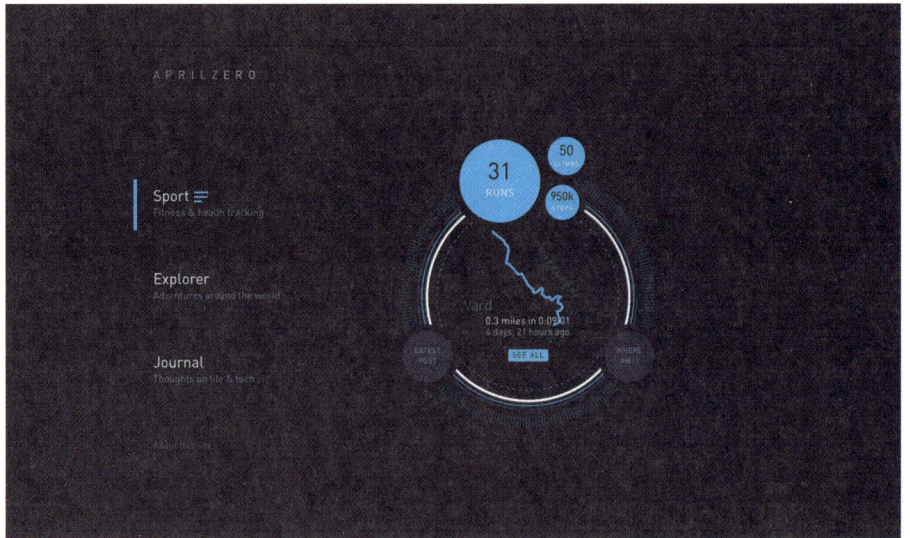

图 2-38

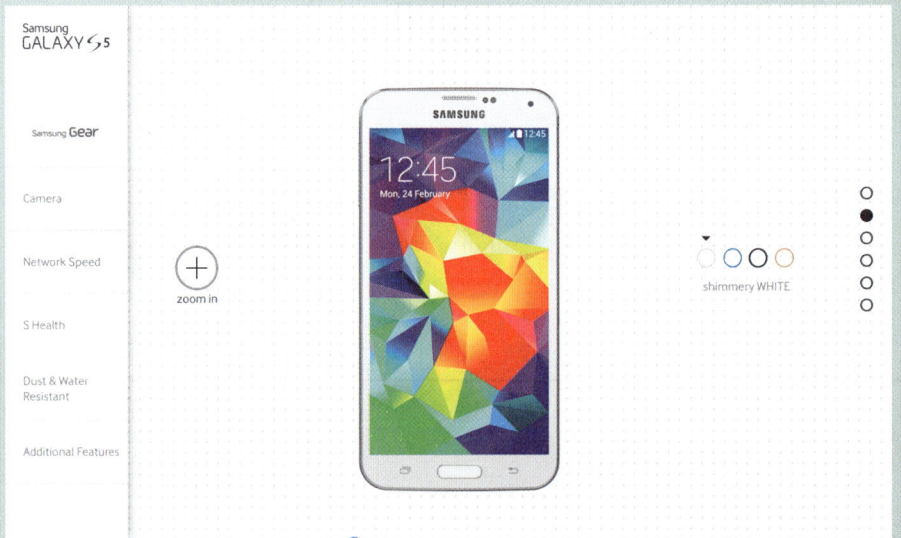

图 2-39

图 2-40

图 2-41

图 2-42

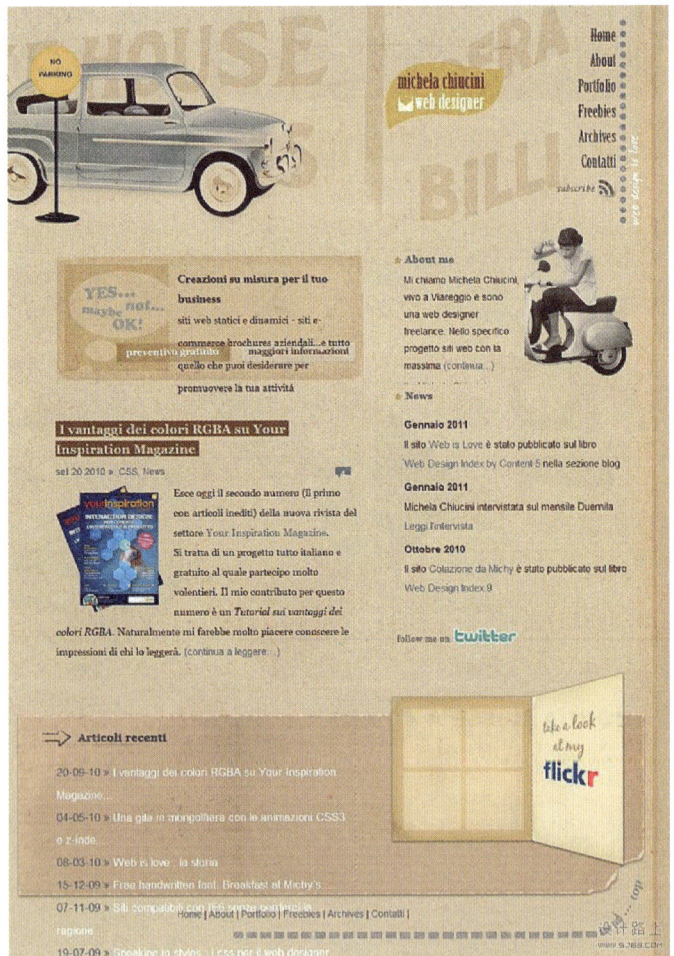

图 2-43

3. 上左中右组合

这种组合比较适合信息量较大的网站。这类网站一般除了页面的上方放置主导航之外，页面的左右两边也会有分布的导航，页面的中间位置放置信息内容。主导航还会有数量众多的二级导航（图 2-44）。

图 2-44

4．综合性组合

这种组合比较适合信息量巨大的网站。由于这种网站信息分类详细，涉及的内容繁杂，网页的结构通常会根据需要划分成若干区域，每个区域都可能会出现不同的结构。一般门户类网站的功能模块较多，信息量庞大，很适合这种组合方式（图 2-45）。

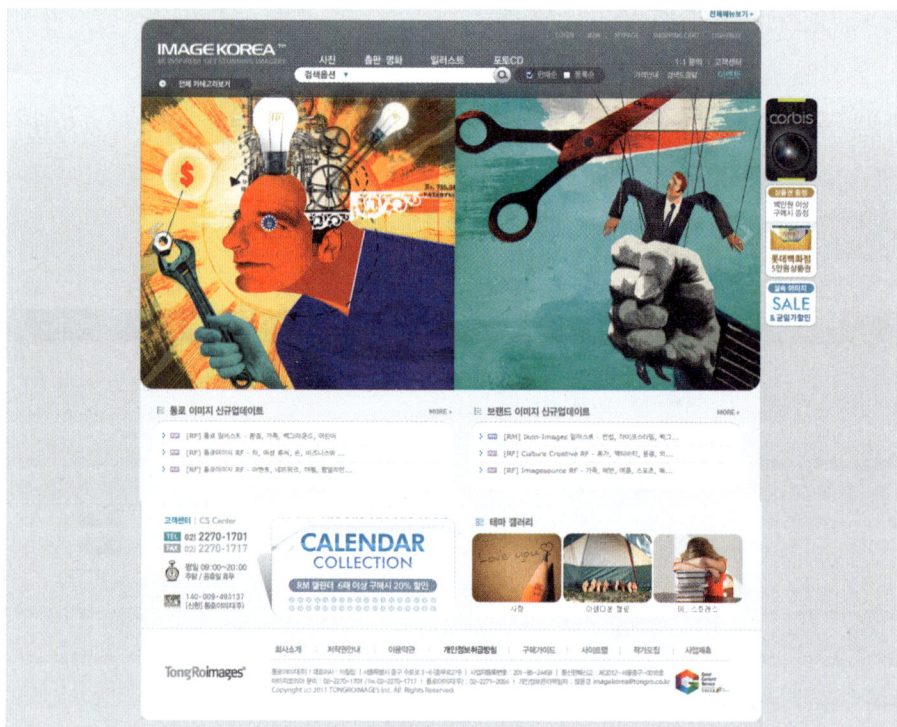

图 2-45

2.3.2 不规则的组合方式

　　不规则的组合方式结构比较自由随意，表现手法灵活多样，画面的视觉冲击力较强，设计者往往会在网站的创意、视觉表现上花费心思。一般网页信息量少，强调个性表现的网站喜欢使用这样的方式，通常在网站的导入页或首页中使用较多，有时也会出现在二级页面甚至三级页面中。如鼹鼠乐乐的网站首页就采取了不规则的构图方式，整个页面以黑色为背景，页面中间以鼹鼠洞为主体并设置导航链接。页面的构图方式稳中不失活泼，很好地体现了网站的主题风格（图 2-46）。而图 2-47 则是在网页顶部设置了传统的导航栏，页面的主要部分则采用字体化的方式设置了不规则的导航链接，结合交互式响应链接方式，为网页增加了设计感的同时也保持了动感，功能性也更加突出。

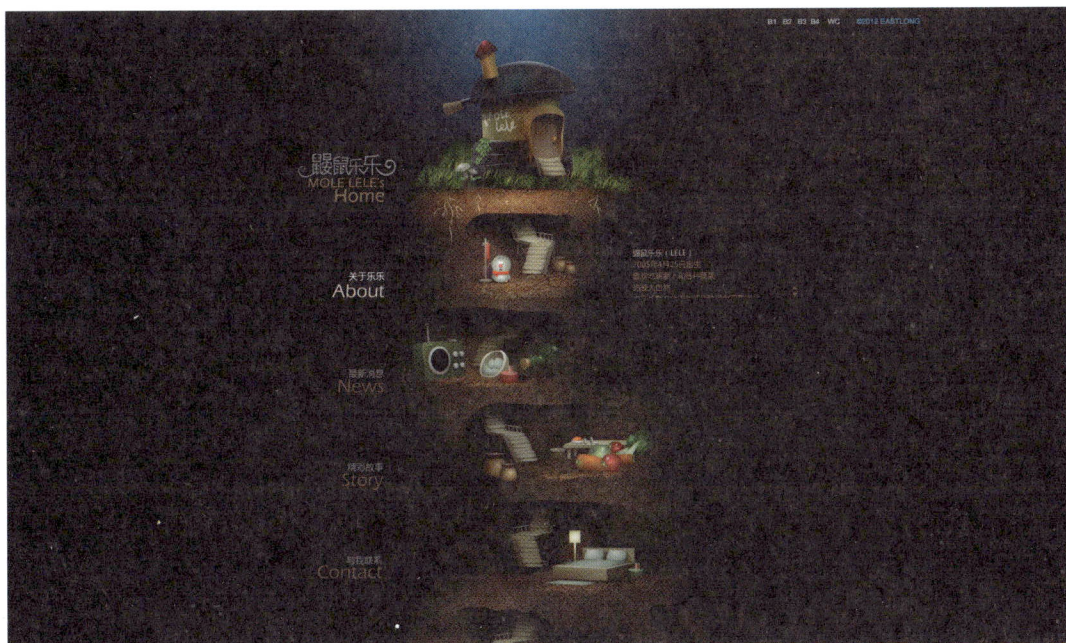

图 2-46

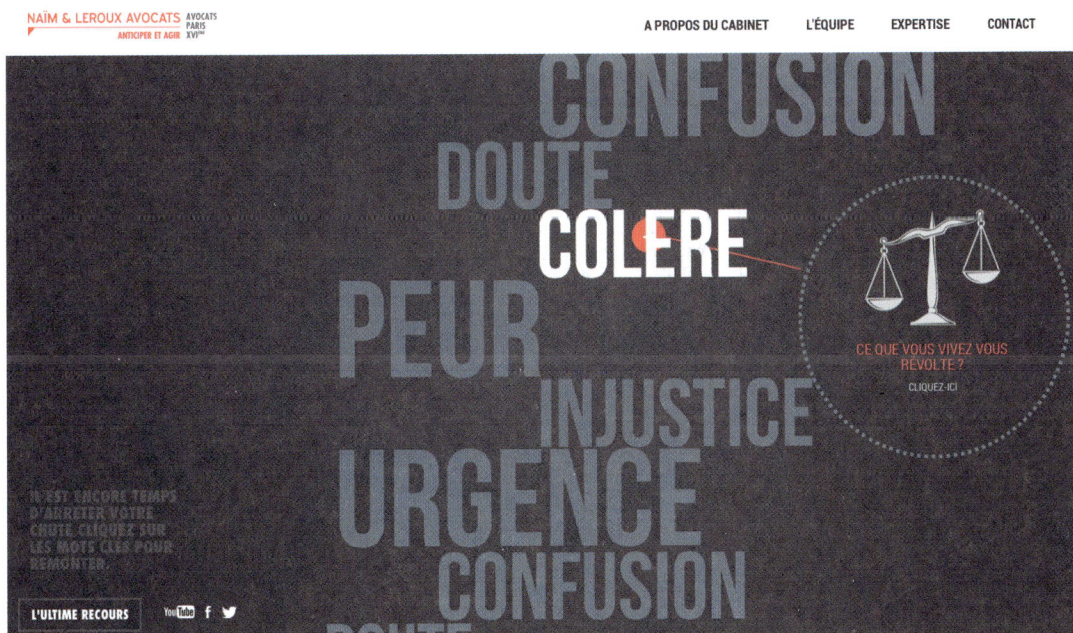

图 2-47

2.4 网页版面的基本类型

了解网页版面的基本类型有助于在设计中有的放矢，同时从一些既有的成功作品中学习优秀的设计经验。根据不同的划分依据，网页版面的结构类型也不同，本书以网页版面的网格形式，将网页划分为轴型、线型、焦点型、格型和框型。

1. 轴型

轴型结构是沿网页的中轴将图片或文字内容进行水平或垂直方向的排列。不同的排列方式产生不同的页面效果，水平排列的页面给人以稳定、平静、含蓄的感觉（图2-48、图2-49），垂直的排列给人以速度感、重量感（图2-50、图2-51）。两种方式的排列都有条理分明、层次清晰、节奏感强烈的页面效果。

图 2-48

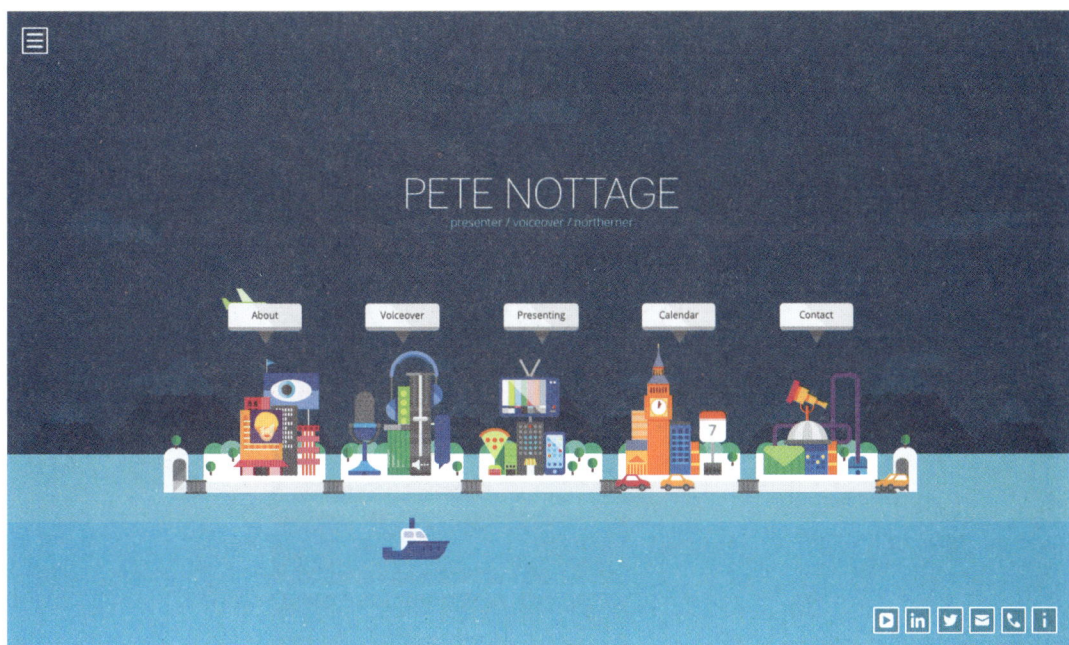

图 2-49

图 2-50

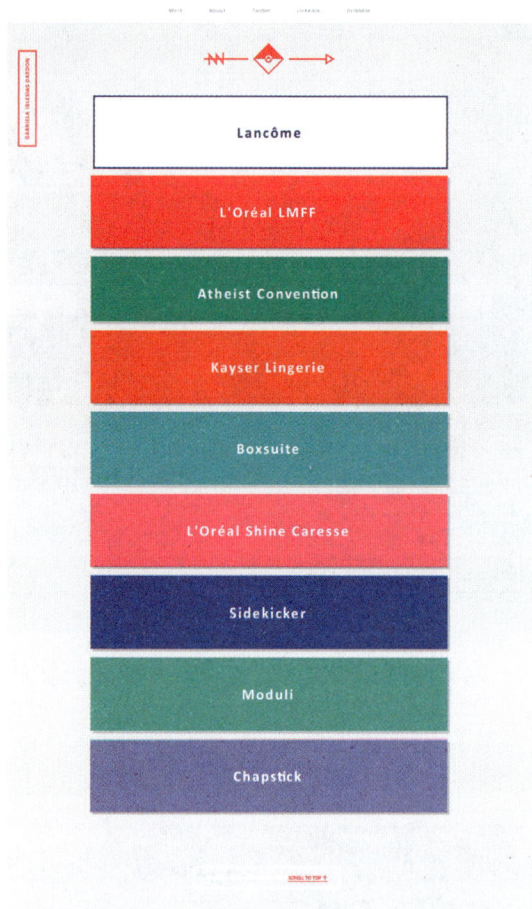

图 2-51

2．线型

线型结构是通过水平或垂直的线型分割，将视觉内容在网页上有序或无序地排列组合。这种结构具有强烈的秩序感、速度感和韵律感，这种线型的版面要注意画面中各元素的大小、位置、均衡等关系。Outdated Browser 是一个帮助互联网用户获取浏览器最新版本下载地址的站点，网站的首页采用了线型分割的方式将页面分割为若干份，分别放入一些常用的浏览器供用户下载，这种做法非常便于用户使用，界面的设计也简洁明快（图 2-52）。而

图 2-52

图 2-53、图 2-54 则采用了水平线型分割的方式划分页面，前者用了同等分割的方式，给页面营造了安静的秩序感；后者采用的是不规则的水平分割方式，页面的主题突出，视觉元素主次分明。与垂直或水平的线型结构不同，图 2-55 是水平和垂直线型的组合结构，这样的设计营造了画面的韵律感和速度感，画面形式感更活泼。

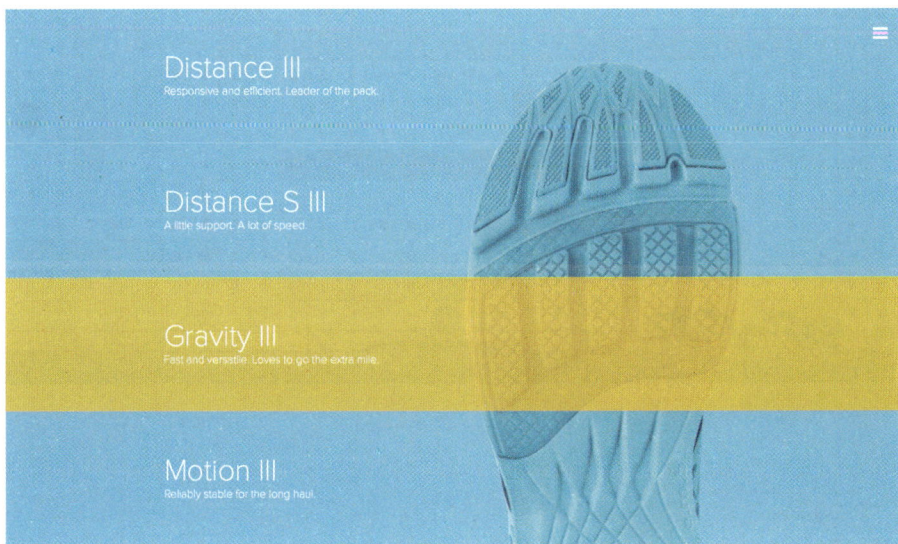

图 2-53

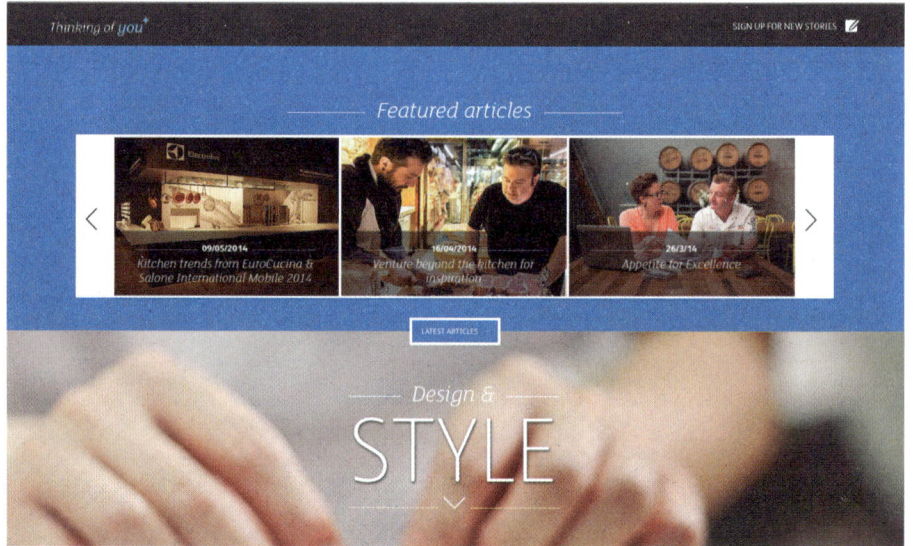

图 2-54

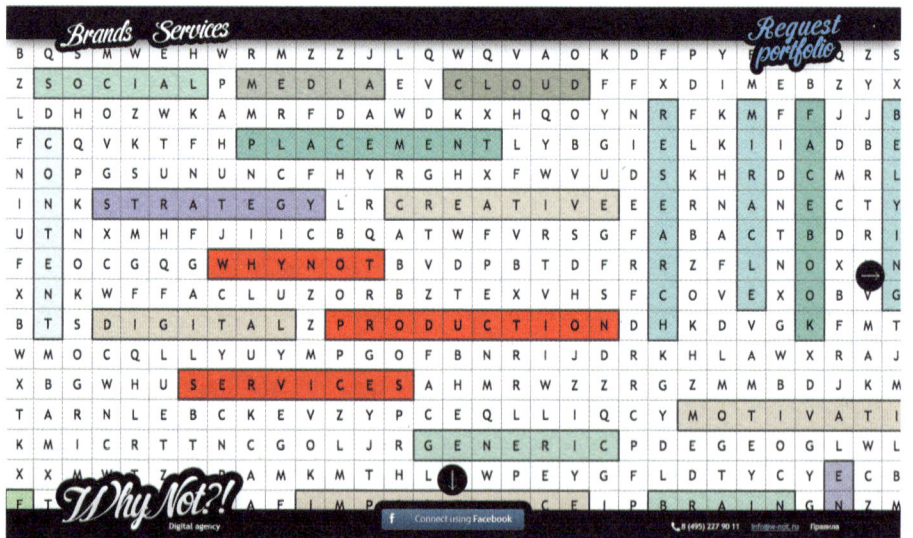

图 2-55

3. 焦点型

焦点型的网页版面通过对视线的诱导，使画面具有强烈的视觉聚集效果，这种方式可以将用户的注意力吸引到页面重要信息的位置。

焦点型版面包括以下三种情况：中心式焦点、向心式焦点和离心式焦点。中心式焦点是把对比强烈的视觉元素置于网页版面的视觉中心（图 2-56）；向心式焦点是视觉元素引导用户的视线向网页版面的中心聚拢，形成一种向心力的视觉引导，是集中的、稳定的视觉表现方法（图 2-57）；离心式焦点是视觉元素引导用户视线向外辐射，形成一个离心式的网页版面，是一种外向的、活泼的、更具时代感的设计表现方法（图 2-58）。

图 2-56

图 2-57

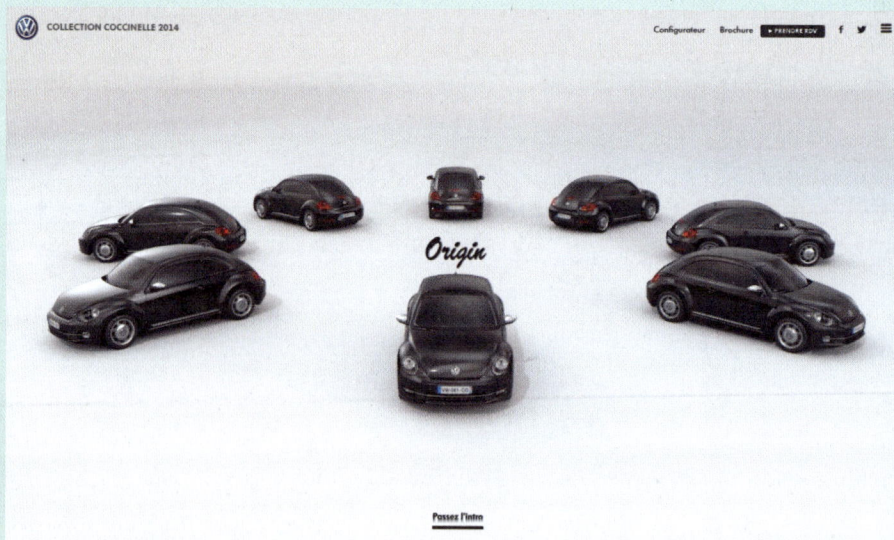

图 2-58

4. 格型

格型是网页版面设计中的一个常见类型，其方法是类似于传统报纸和杂志的分栏方法，将二维的页面划分为若干个区域，这些区域成为组织视觉元素的基本框架，从整体的秩序关系中创建网页的版面秩序（图 2-59）。这种格型可以是可见的和不可见的，也可以是规整的形状或异形的形状，总之最后的目的是将不同的视觉元素用一种更适合观看的方式组合构成（图 2-60）。

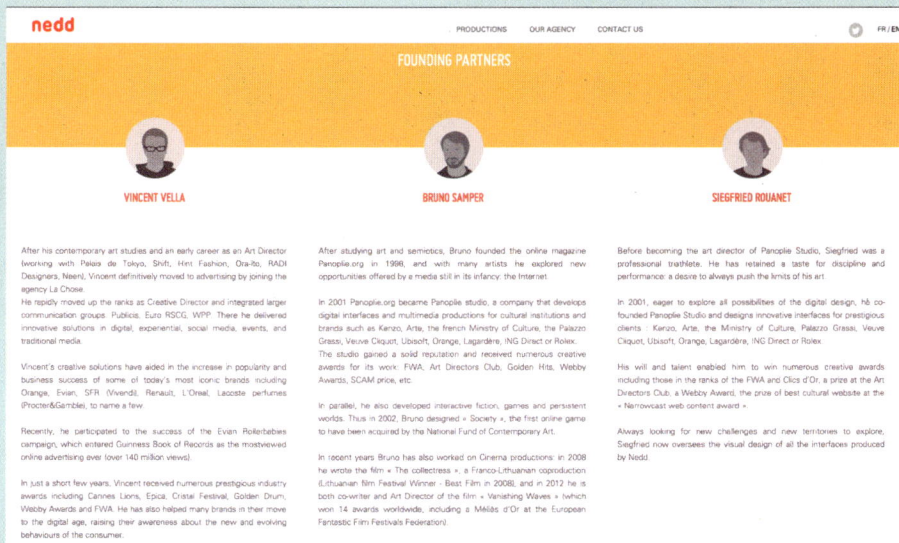

图 2-59

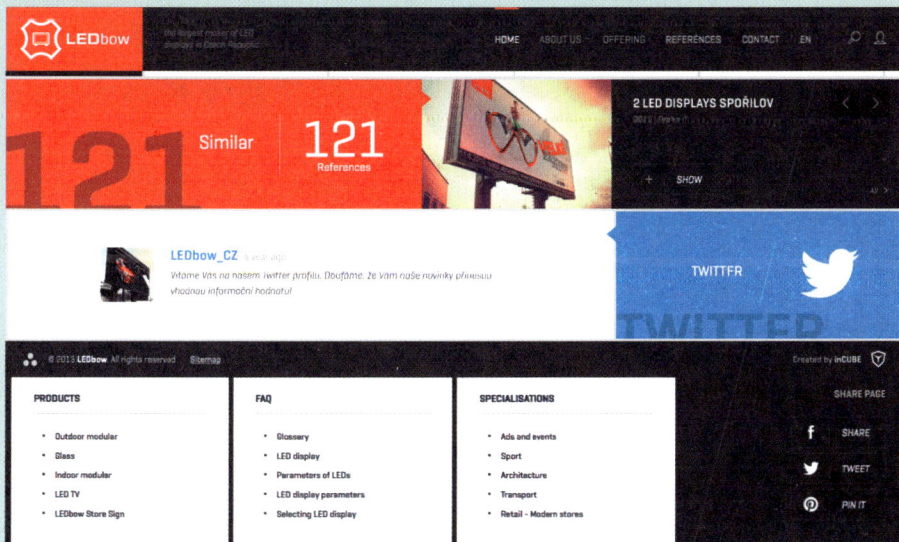

图 2-60

这种类型的网页版面给人以和谐、理性、秩序的美感，设计者在使用时可以灵活变化，使页面内容条理清晰，网页风格丰富活泼（图2-61）。

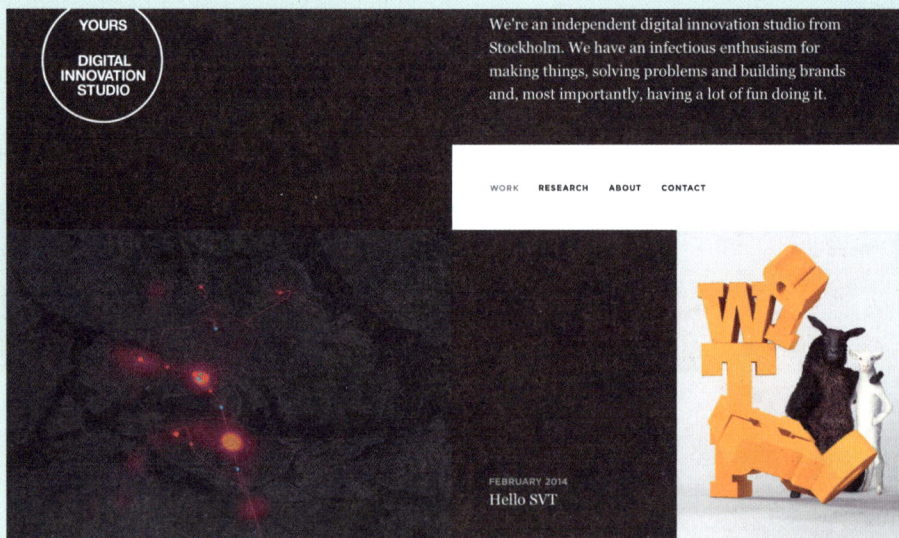

图 2-61

5. 框型

框型的网页版面给人以稳定感、严谨感和理性感。为了避免画面的呆板，一般网页设计中会采用不对称的手法来使用框形。如图2-62所示，页面采用了不规则的框型结构，画面风格严谨中不失动感。而 Newton Running 网站首页则是力求在不规则的框型结构中寻求一种稳定的秩序（图2-63）。Mobee 网站首页和 Volvo Trucks 网站首页采用了水平框架的构图方式，画面结构平稳且具有秩序感（图2-64、图2-65）。

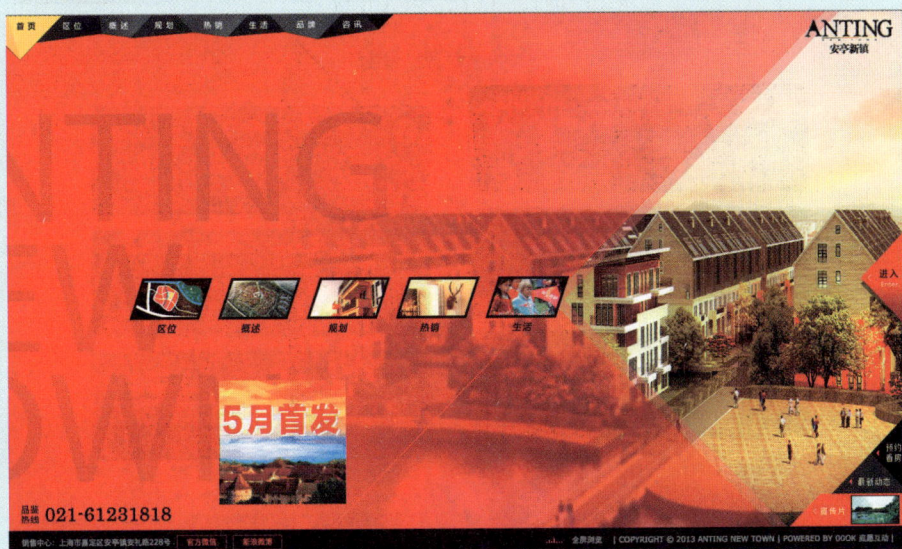

图 2-62

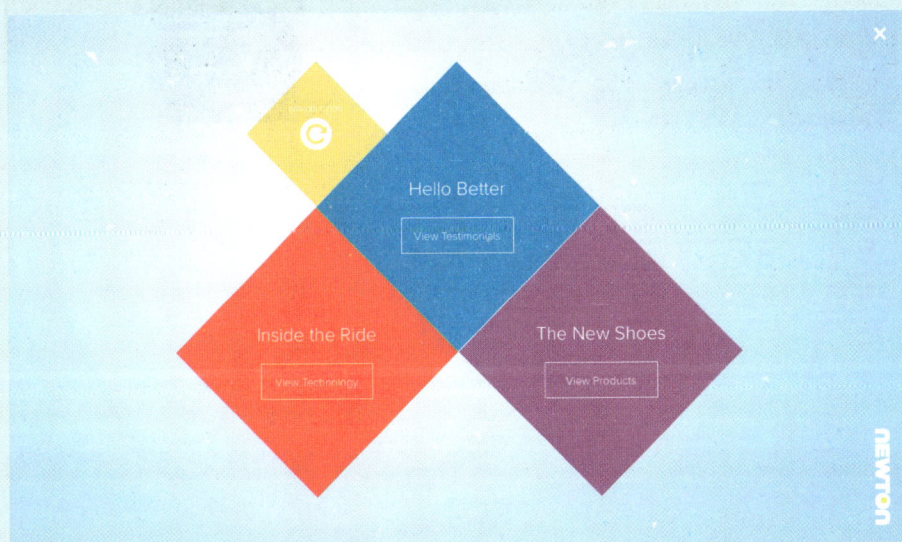

图 2-63

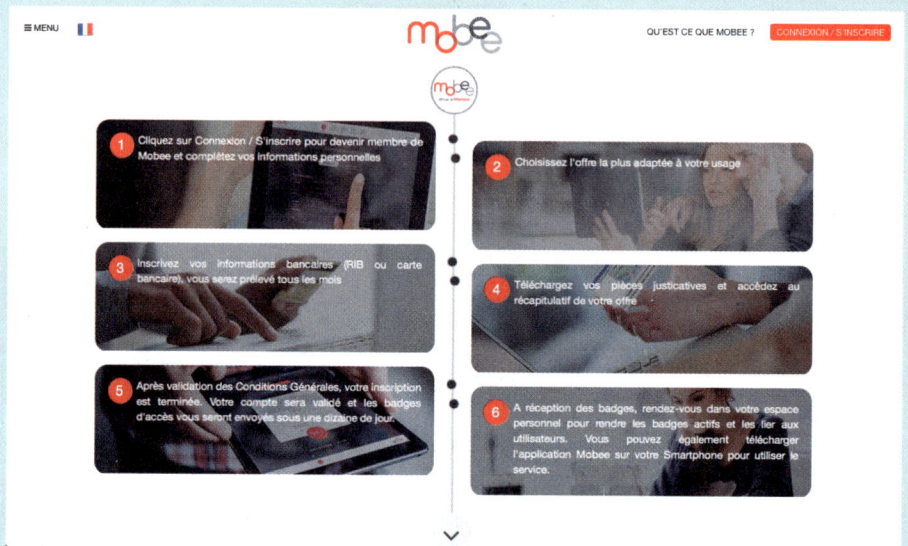

图 2-64

图 2-65

第 3 章
文字的编排与设计

ART & DESIGN OF
WEB PAGE

　　文字作为信息传递的载体，是网页中最基本也是最重要的组成元素之一，在网页中占据着相当大的比重，因此文字编排和设计的好坏直接影响着网页的质量。

　　文字不仅具有最基本的实现字意与语义的功能，还具有和图像、色彩一样的美学功能：网页中的文字通过个体的形态、整体的排列、颜色的组合等艺术手法，呈现出不同的艺术形态，在传递基本信息的同时也给用户带来美妙的视觉体验。因此，有必要对文字的编排和设计进行探讨。

3.1　网页文字的使用和编排

3.1.1　字体的使用

　　一般情况下，浏览器默认的标准字体是中文宋体和英文 Times New Roman 字体。如果不进行特殊设置的话，网页中的文字将以这两种标准字体显示，因为这两种字体是可以在任何操作系统和浏览器里正常显示的。Windows 还另外带有 40 多种英文字体和 5 种中文字体，这些字体虽然在 Windows 操作系统下的浏览器里可以正常显示和使用，但是在 Mac OS 系统却不行，一般的 Mac 机用户可以使用超过 100 种字体。因此，为了网页字体的正常显示，需要在使用字体时尽量使用网页安全（web-safe）字体，尤其是网页中含有大量文字的时候更应如此。

很多字体都可以划分在几个不同的字体家族中，而同一个家族内部的每种字体都代表着核心字体的不同变化。大多数字体家族都包括常规的字体，以及斜体字、粗体字等变化。

虽然了解了字体和字体家族的分类和变化，并且还可以从网络资源中找到相当丰富的字体资源，但是如何恰当使用字体还是需要掌握一定的原则和方法，这是因为字体的使用不仅仅是技术问题，还包含强烈的艺术性和情感因素。所以从某种意义上讲，字体没有不好看的，只有不合适的。

另外，在字体种类的选择上要注意量的控制。这么做的目的不仅是为了保证网页信息的传递效率，也是为了保持页面的形式感和美感。字体种类太少会使页面显得单调无趣，字体种类太多又会使页面信息杂乱无序。要根据网站的性质和主题，选择风格协调的字体，并在适当的范围内选择相应的字体种类，为网站的主题和性质来服务。

有些设计者喜欢使用特殊的字体，但是如果终端计算机上没有安装设计者使用的特殊字体，显示的网页效果可能非常糟糕。为了避免这种不可预见的情况，最好将文字做成图像，然后插入到页面中。但是这样做又会减缓网页的下载速度，需要量力而行。

3.1.2 字号的使用

网页中的字号大小可以用不同的单位来表示，例如磅（point）或像素（pixel），以计算机的像素技术为基础的单位在打印时需要转换为磅值，所以一般情况下建议文字采用磅为单位。

一般字体默认的大小是 12 磅，也有很多综合类网站由于信息量较大，通常会采用 9 磅的字号。有些设计者为了吸引用户的注意力，加大字符也是很常见的一种手法。但是需要注意的是无论缩小字符还是加大字符，都要适可而止，因为要考虑用户浏览网页时的流畅性。

3.1.3 字距和行距

确定字号的大小之后，还要考虑字距和行距的变化对文本可读性的影响。可以通过调整 CSS 中的 letter-spacing 的属性来取得理想的文字间距，这被称为字体的间距跟踪，主要是调整字行之间的水平间距，还有每个文字之间的间距。例如希望文字更加开放，给人一种宽敞的感觉，可以适当增加文字之间的间距。

"行距"这个术语出自印刷术。适当的行距会形成一条明显的水平空白，可以有效地引导用户浏览信息的阅读顺序。行距过宽会使一行文字失去较好的延续性，行距过窄影响文字的可读性。一般情况下，接近字体尺寸的行距设置比较适合正文。行距常规比例为 10：12（字号 10 磅，行距 12 磅）。为了设计的需要，也可以适当加宽或缩小行距来表现独特的页面效果。

行距可以用行高（line-height）属性来设置，建议以磅或默认行高的百分数为单位。例如：（line-height：20pt）、（line-height：150%）。

3.1.4 文字的编排

一般页面默认的文字编排形式有三种：一端对齐、两端对齐和居中对齐。不同的对齐方式给网页布局带来不同的视觉效果。

1. 一端对齐

一端对齐分为左对齐和右对齐两种方式，这两种对齐方式都能产生视觉节奏与韵律的形式美感。这种排列方式使文字的行首或行尾自然形成一条清晰的垂直线，自然形成一种有松有紧、有虚有实的排列形式，使版面秩序显得非常有条理且很自然。通常情况下左对齐符合人们的阅读习惯，而右对齐则可改变人们的阅读习惯（图 3-1）。

2. 两端对齐

这种编排方式是文字从左端到右端两端绝对对齐，形成方方正正的版面，显得端正、严谨、美观（图 3-2、图 3-3）。但是这种文字编排方式容易与图片混排，还要把握编排使用的度，否则也会使页面显得呆板、不生动。

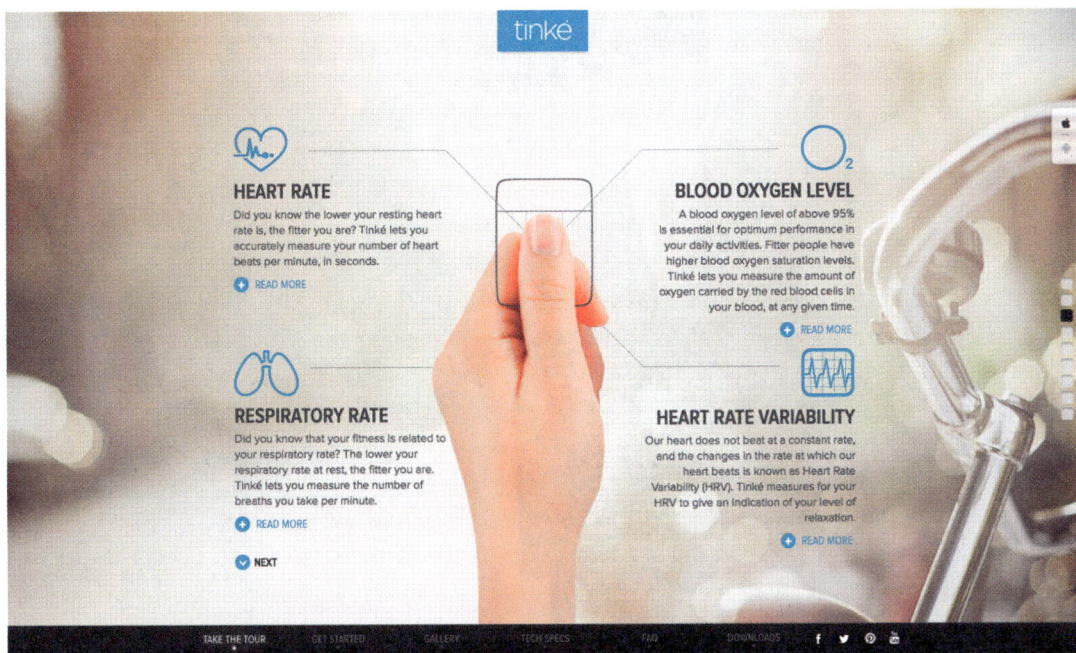

图 3-1

图 3-2

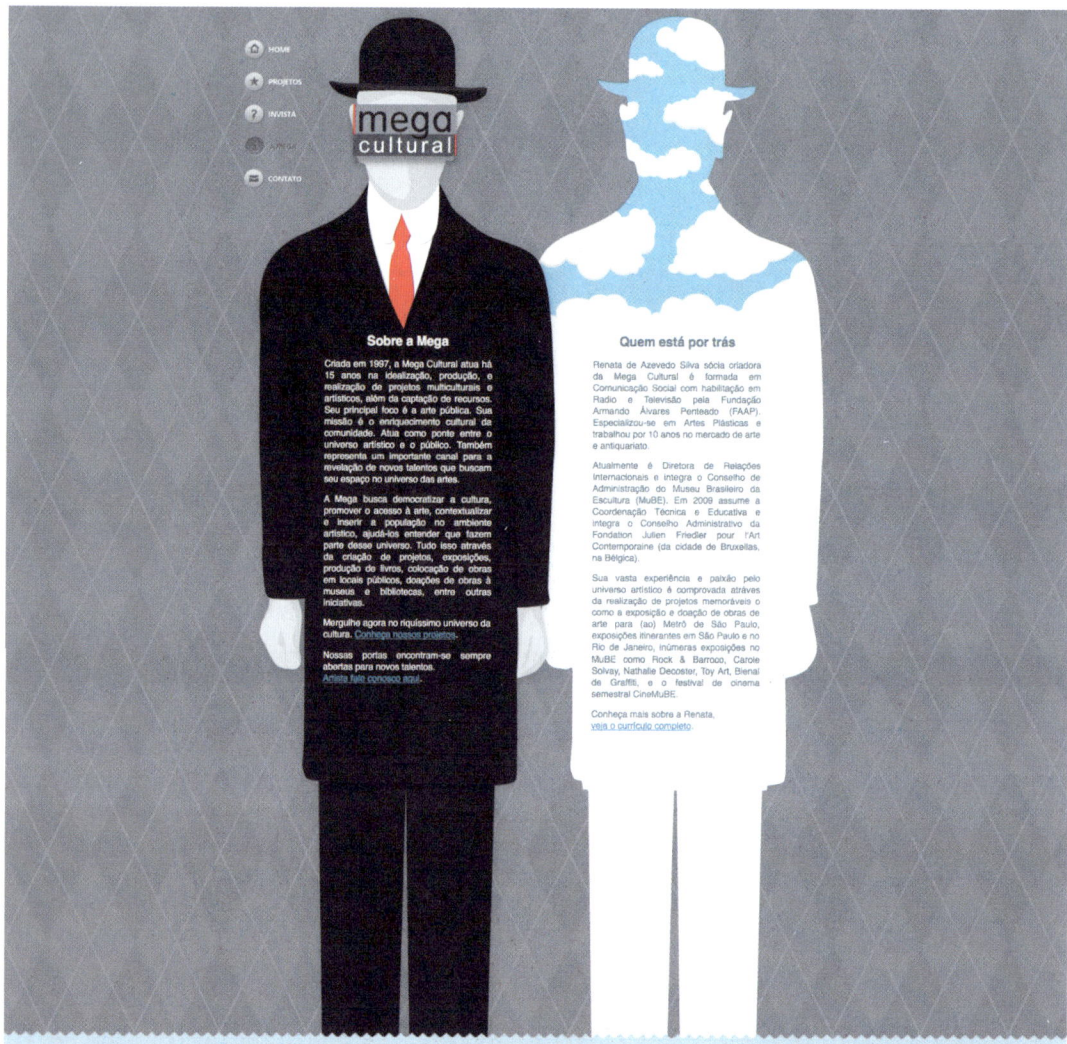

图 3-3

3. 居中对齐

这种编排方式是以某个视觉中心为轴线进行文字排列，使文字更加突出，页面更为活泼生动，产生对称的形式美感（图 3-4）。居中对齐的编排方式使用时要注意保持页面的整体秩序感。

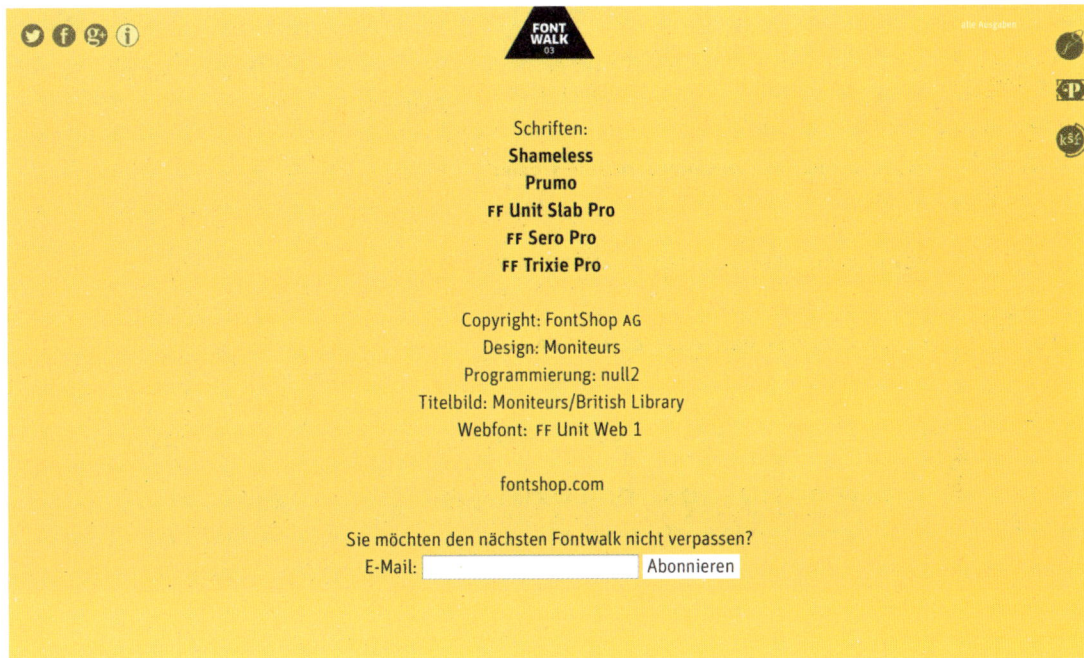

图 3-4

3.2　网页文字设计的基本原则和方法

文字在网页设计中作为形象要素之一，除了表意以外，还和图像、色彩、多媒体等元素一样具有形式美感，具有传达感情的功能，能给人以美好印象，获得良好的心理反应。所以文字在网页上传递基本语义信息的同时，还可以作为一种设计元素。这种功能在 Will-Harris 网站得到了很好的体现，图形化的字体构成了网站首页的主体，辅以说明性的文字，形成富有节奏感的大小对比（图 3-5）。

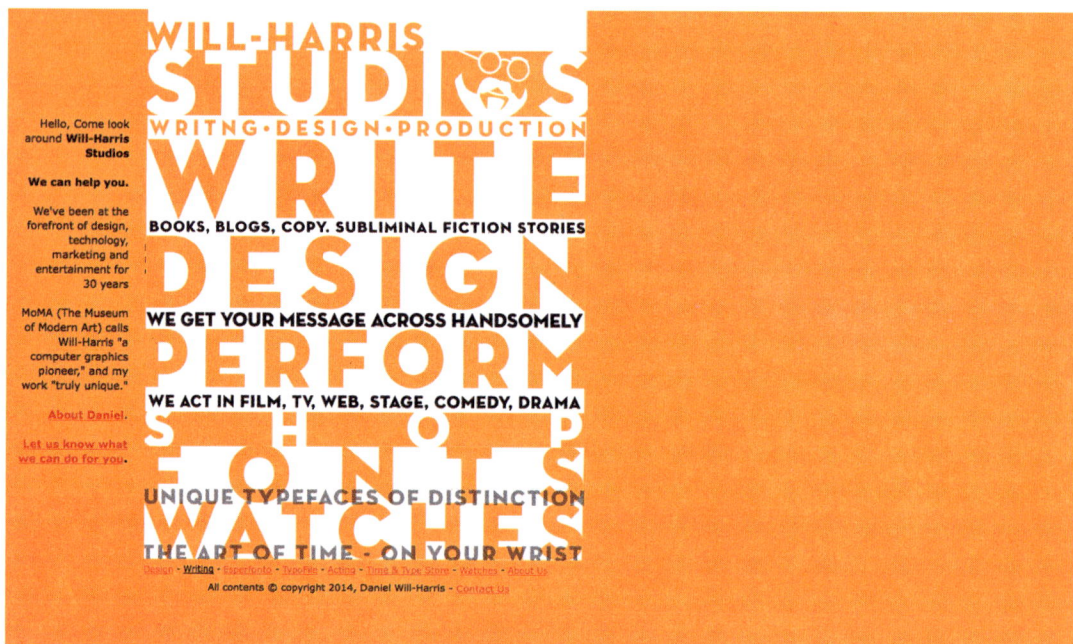

图 3-5

3.2.1 文字设计的基本原则

1. 避免形式大于功能

网页文字的基本功能是传递信息，要实现这个基本功能，设计者必须首先要考虑文字的易读性和可识别性，避免过于强调文字的形式感和追求夸张新颖的艺术视觉感，从而影响用户对文字内容本身的阅读和理解。因此，文字的编排和设计要减少不必要的装饰和变化，确保网页用户易认、易懂、易读，避免为追求形式感而忽视文字传递信息这个基本功能。

2. 形式和内容要统一

网页文字的设计风格要和网页信息内容的性质及特点吻合，不能相互脱离，更不能相互冲突。例如官方机构类网站中的文字使用应具有庄重和规范的特质，字体规整而有序，简洁而大方（图 3-6）；休闲旅游类网站，文字的使用应具有欢快轻盈的风格，字体生动活泼，跳跃明快（图 3-7、图 3-8）；文化教育类网站，文字使用应具有一种严肃、端庄、典雅的风格（图 3-9、图 3-10）；企业类网站可根据行业性质、企业理念或产品特点，追求富于活力的字体风格（图 3-11、图 3-12）。

图 3-6

图 3-7

图 3-8

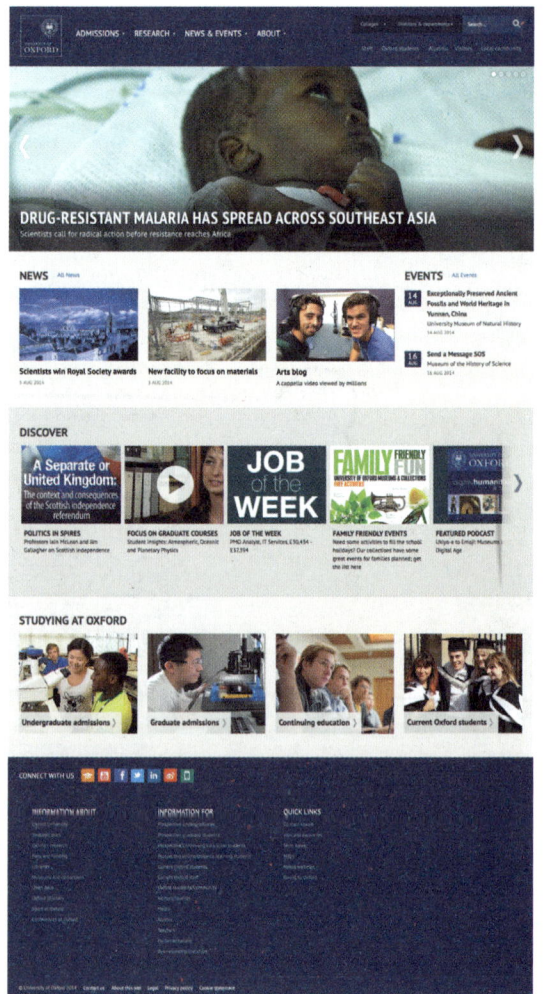

图 3-9

图 3-10

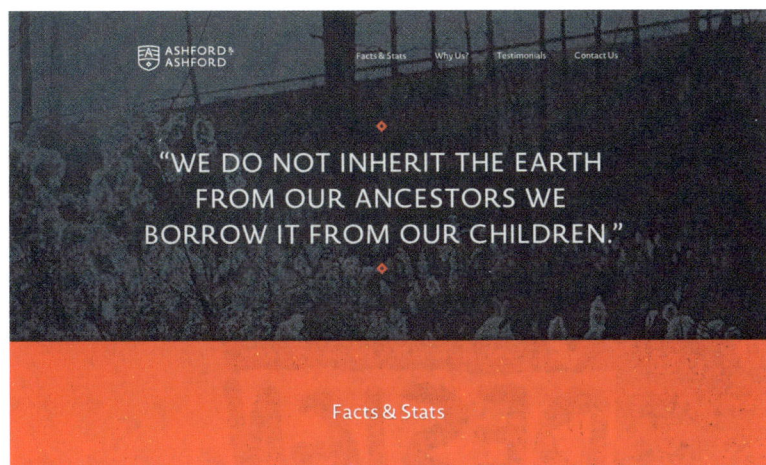

图 3-11

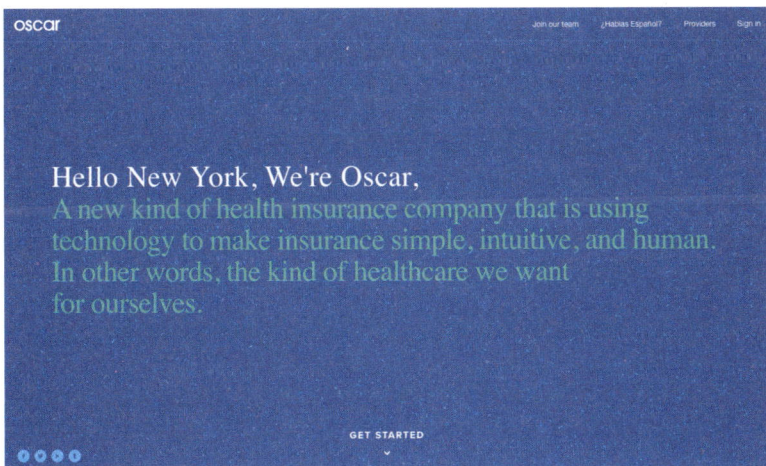

图 3-12

3．字体种类要精简

在网页文字设计中，由于计算机提供了大量可供选择的字体，使得字体的变化趋于多样化，这既为网页设计提供了方便，同时也对设计者的选择能力提出了考验。虽然可供选择的字体很多，但在同一网页上，使用几种字体还是需要仔细斟酌的。同一页面或同一网站使用过多的字体种类，只会让用户眼花缭乱，影响信息的传递。

以下是 Bau-Da 网站的页面设计（图 3-13、图 3-14）。该网站的页面设计具有相当的紧密性，但却不严肃呆板。采用经过特殊效果处理的文字，以确保最佳的位置，如相册封面的目录，其中的每一个名字都是一个分离的导航图解，即使没有图片载入，也可以进行浏览。

图 3-13

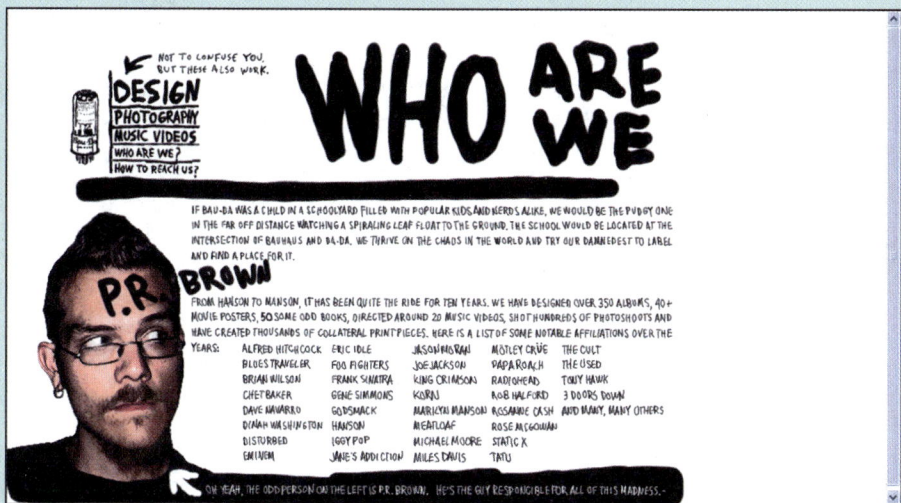

图 3-14

3.2.2 文字设计方法

1. 字体的选择

网页设计者可以用字体更充分地体现设计中要表达的情感。字体选择是一种感性、直观的行为，例如粗壮字体强壮有力，有男性特点，适合机械、建筑业等内容（图 3-15、图 3-16）；细字体高雅精致，有女性特点，更适合服装、化妆品、食品等行业的内容（图 3-17、图 3-18）。

在同一页面中，一个页面内字体种类少，界面给人以雅致、稳定感；字体种类多，界面活跃丰富多彩。具体选择什么字体，要依据网页总体设想和用户的需要。

图 3-15

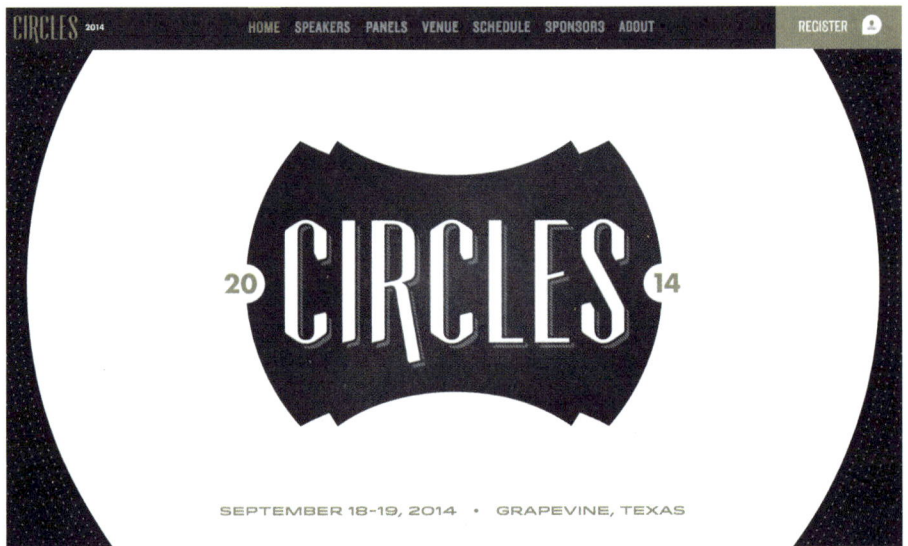

图 3-16

图 3-17

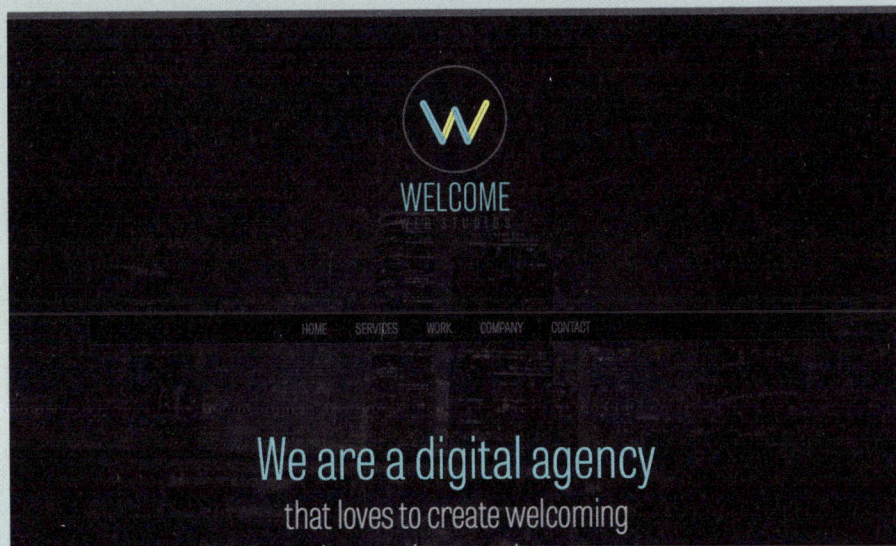

图 3-18

2. 文字的图形化

文字的图形化是设计者将记号性的文字作为图形元素来处理，既强化了文字原有的基本功能，又突出了它的美学效应。无论以何种方式进行文字图形化，都应以更出色地实现自己的设计目标为最终目的，将文字图形化、意象化，以更富有创意的形式表达出深层次的设计思想，打破网页原有的平淡和单调，给用户带来全新的视觉和感情体验。

A.Kitchen 网站的首页全部以网站的名称作为页面视觉元素的主题，各种不同字体字号的文字错落有致地排满了整张页面，在页面的中央位置以点睛之笔插入了 SCR OLL 按钮，这样的设计非常别致，值得借鉴（图 3-19）。Javier Guzman 网站首页也是将网站名称完全图形化，和前者不同的是，该网站更强调简约设计，整张页面只有导航、网站名称和一张图像，画面干净整洁，主题突出，高明度的色彩更是很好地烘托了网站的氛围（图 3-20）。同样的设计手法也体现在 Dela Banda 网站首页中，并且更趋向简约，只保留了一个动态视频作为网页背景，图形化的网站名称放置在页面中央部位，用户不需要做任何思考就可以直接获取网站最重要的信息并进入网站（图 3-21）。而 Bamstrategy 网站首页则是将网站的导航信息文字做了图形化的设计（图 3-22）。

图 3-19

图 3-20

图 3-21

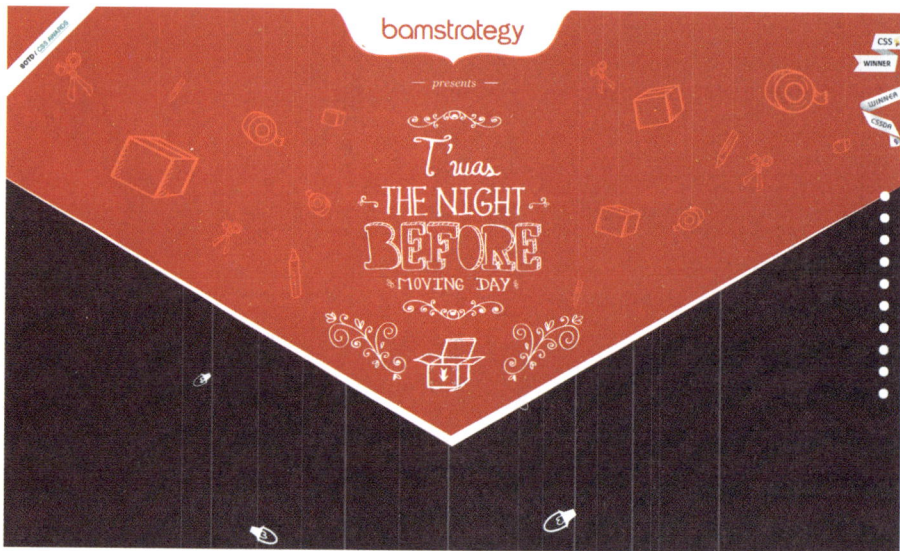

图 3-22

3. 文字的颜色

在网页中使用不同颜色的文字可以突出显示需要强调的部分，尤其是一些链接文字，设计者更趋向于使用不同于环境文字的颜色，来突出显示其不同的特性和形式感。需要明确的是，这样的做法确实起到了一定的强调作用，但是要避免颜色的过度使用，因为过度的强调反而没有起到强调的作用，而且过度使用文字链接颜色很可能会导致用户浏览网页的速度降低。

另外，文字颜色的使用上还要注意和背景色的区别，以不影响用户阅读为基本原则，文字的颜色尽量不要使用明度较高或者饱和度较低的色彩。

I am Jamie 网站首页中的内容几乎全部由文字组成，在纯色背景的前提下，大部分的文字色彩使用了同类色和邻近色，这样的做法非常安全，即使在内容很丰富的页面上也不会因为色彩而影响用户获取信息的速度。网站的导航链接使用了纯度较高的不同色彩，这样的点睛之笔使用得非常成功（图 3-23）。相比较而言 Ryan Keiser 网站和 Accept Joel 网站的首页设计是在背景内容非常丰富的前提下，采用了黑白两种安全色来突出显示网页文字，使得页面内容达到了很好的统一性效果（图 3-24、图 3-25）。

图 3-23

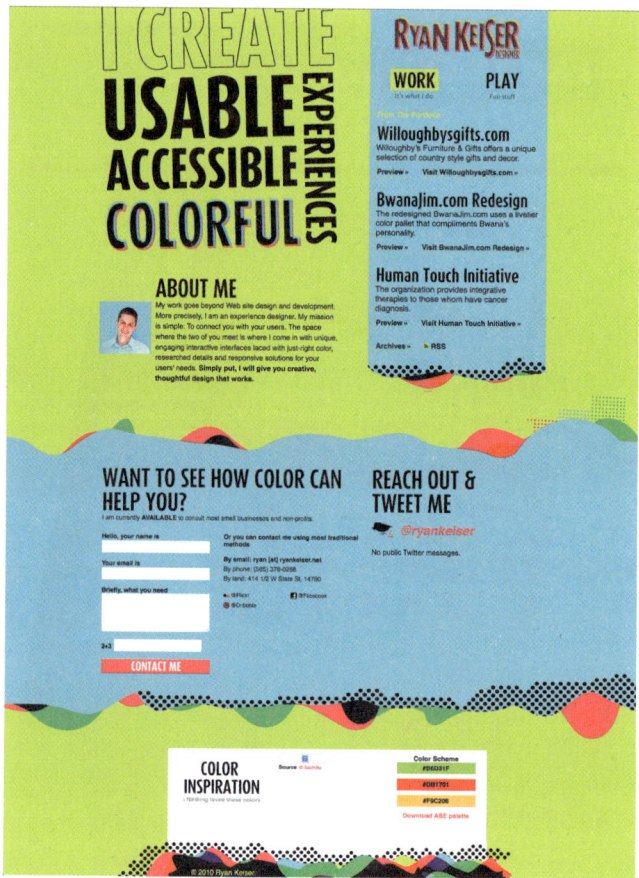

图 3-24

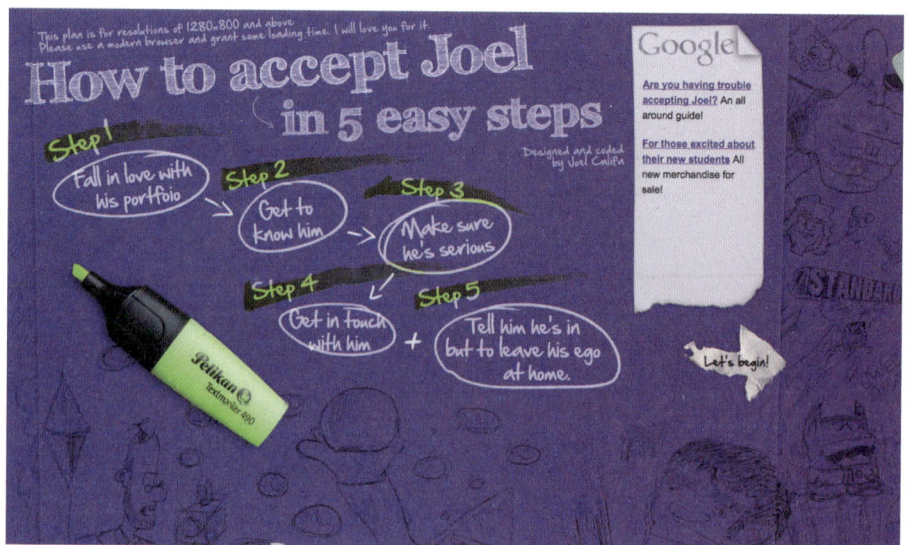

图 3-25

第 4 章
图像的处理

ART & DESIGN OF
WEB PAGE

　　图像能使页面的意境发生变化，影响用户的关注度，进而影响网页信息的传递效果。所以除了文本之外，网页上最重要的设计元素就是图像了。一方面，图像本身也是传达信息的重要手段之一，与文字相比，它更直观、生动，还可以很容易把文字无法表达的信息表达出来；另一方面，图像的应用使页面更加美观有趣，使用户更易于接受和理解网页信息。下面将分析图像在网页中的作用、使用的基本规则和方法。

4.1　图像的规格

4.1.1　图像的使用规则

　　图像的形态、大小和数量都与网页的整体规划有着非常密切的联系。一般而言，面积较大的图像比较容易形成页面的视觉焦点，而面积较小的图像则用来点缀页面，呼应页面的主题，合理地使用图像对有效传递页面信息有着非常重要的作用。一般情况下，选择图像之前需要考虑以下几方面的因素。

　　（1）图像的关联性。

　　图像通常可以作为视觉诱饵吸引到相当数量的网络用户，但是如果使用了不合适的图像，或者是图像采用了不合适的表现手法，都会对网站的信息传递造成负面影响。

　　合理使用图像首先要考虑图像和网站的关联性，这里所指的关联性是指所选的图像和网站的内容是否相关，是否可以很好地表现网站的主题。和主题相关的图像不仅可以增加设计的趣味性，还可以提高设计的识别性。图像可以提供一种视觉标签，帮助用户识别并记忆页面上的相关内容特征。图 4-1 是一所大学的主页，采用了校园风景图片和学生生活图片相结合的方式，使用户对该网站的主题性一目了然。同时网页中相应的信息分栏也非常清晰，用户可以非常方便快捷地寻找到所需要的信息，这对网站信息传递效率的提高是非常重要的。

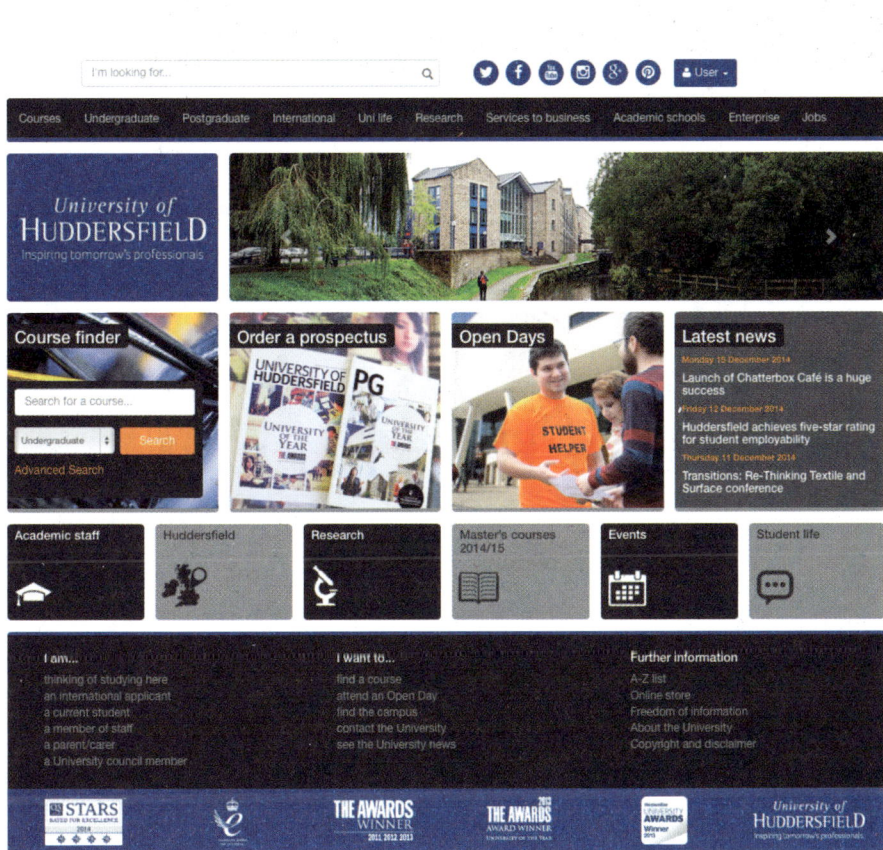

图 4-1

　　（2）图像的趣味性。

　　网页上使用一些富有趣味性、能够吸引用户注意力并回味的图像无疑会为网页设计增色不少。计算机技术和网页编程语言的更新为实现网页图像的趣味性提供了更多的可能性（图 4-2、图 4-3）。

图 4-2

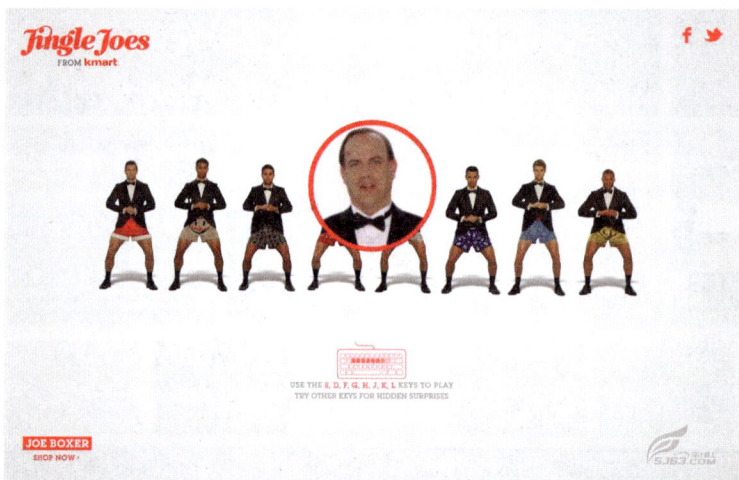

图 4-3

（3）图像的吸引力。

如果网页上的图像在美感和情感上可以吸引用户，那么就达到了图像的情感和视觉完美统一的目的。当然，不同的用户对于美和吸引力的解读也是多样的，所以要考虑图像的使用环境和用户的心理以及生理特征。

对于食品类网站，图像是否吸引人显得特别重要，如 Natgeoeat 网站是以 EAT: THE STORY OF FOOD 为网站主题，结合图片和声音讲述了每道

食物从生产到成品的过程和环境，让用户真切感受到食物的诱惑（图 4-4 ～
图 4-6）。

关联性、趣味性和吸引力是此类网站选用图像时要考虑到的主观因素，
需要在情感和艺术性上对图像的使用做出鉴别，同时在选用网页图像时还需
要关注一些客观因素，以提高网页用户的关注度。

（4）控制图像的数量。

虽然目前网络环境及技术已大大改善，网络的传输速度也有很大的提高，
但是相对而言，太多的图像仍然会降低网页的下载速度，这样做的后果会导
致用户失去耐心而离开网站。所以，网页中的图像数量应当控制在适当的范
围内。

（5）控制网页中图像的分辨率。

和前面所提到的原因一样，为了保证网页的下载速度，图像编辑时要控
制图像的分辨率。一般情况下，图像的分辨率设定为 72dpi 即可满足普通浏览；
如果是为了满足特殊目的，可适当提高图像分辨率，但要注意平衡网页下载
速度和提高图像分辨率之间的关系。

（6）控制网页中图像的尺寸。

图像的尺寸应该提前在图像软件中定义好，否则浏览器只能重新绘制表
格来容纳图像，这样会造成网页下载时间的增加。调整图像大小时不要尝试
通过 HTML 来调整，如果这样，图像不仅会细节模糊，边缘粗糙，还会增
加下载时间，所以最好在图形软件中调整好再使用。

4.1.2 图像的格式

网页中通常使用的图像格式为 GIF、JPEG、PNG、TIFF 和 BMP 等，其
中使用最广泛的是 GIF、JPEG 和 PNG 格式。选择合适的图像格式，可以在
提供最小文件尺寸的同时还能确保高质量的图像。

（1）GIF 格式。

GIF（图像交换格式）是 Graphics Interchange Format 的缩写，网络图形
标准之一。存储格式 1 ～ 8 位，是网页上使用最早、应用最广泛的图像格式，
它可以在不改变图像颜色数量的基础上压缩文件。尽管 GIF 格式的压缩率非

图 4-4

图 4-5

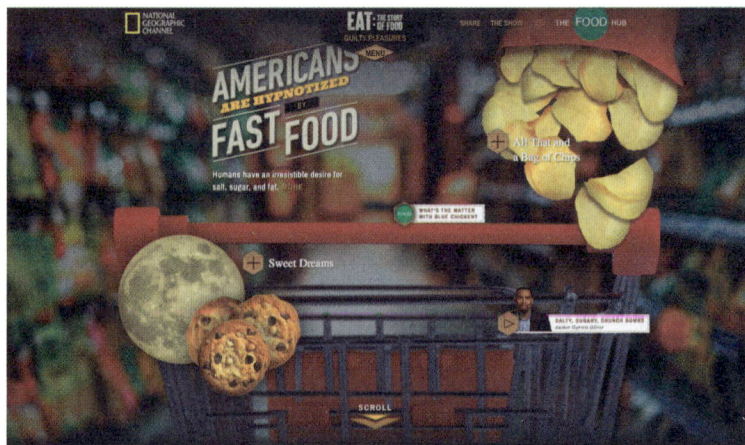

图 4-6

常好，但最多只能是 256 色的图像，所以对于有照片的页面是毫无用处的。GIF 还具有图像文件短小、下载速度快等优点，可用许多具有同样大小的图像文件组成动画。在 GIF 图像中还可设定透明区域，使图像具有特殊的显示效果。

（2）JPEG 格式。

JPEG 格式是按 Joint Photographic Experts Group 压缩标准制定的图像压缩格式，专门用于储存照片式的图像。与 GIF 和 PNG 图像不同，JPEG 可以提供 24 位颜色尺寸非常小的图像，支持多达 1670 万种颜色，能展现十分生动的图像。其压缩技术十分先进，可以用不同的压缩比例对图像文件进行压缩，可以用最少的磁盘空间得到较好的图像质量。尽管 JPEG 图像显示的颜色数量没有限制，但是这种压缩方式也是以损失图像质量为代价的，压缩比越高，图像质量损失越大，所以当要把某个图像保存为 JPEG 文件时，需要仔细考虑它的压缩量。

（3）PNG 格式。

PNG（便携式网络图像）格式是由 W3C 开发的，作为对 GIF 格式的一种备用格式。PNG 算法的无损压缩风格和工作方式与 GIF 类似，在这种文件中，颜色的数量要少一些，但是大小和 GIF 图像类似。PNG 图像可以保存成 8 位格式，也可以保存成 24 位格式，可以通过红色、绿色和蓝色通道边上的 Alpha 通道实现，这意味着 PNG 图像中的每个像素都可以有多达 256 种不同的模糊度。

4.2　图像的风格主题

为了突出表现网站的主题，必须有特定的风格和表现手法来服务主题，所以风格和主题是相辅相成的。网页的风格表现主要通过图像、色彩、字体等不同元素来体现，其中图像的作用是非常重要的。图像的风格表现手法可以有许多种，如手绘、仿古、肌理和材料等。

1. 手绘

在网页中加入一些手绘的图像元素，会使得网页因独具特色而与众不同，在这个注意力持续时间几乎为零的数字世界里，任何突出的东西都能引人注目。另外手绘图像还可以更自由、更主动地表现网站设计者的本来意图（图4-7～图4-9）。

图 4-7

图 4-8

图 4-9

2. 仿古

在网页中仿古或者怀旧的风格也是一种很常用的表现手法，设计者可以根据一些现有的图形图像和色彩来营造仿古的氛围进而突出主题。这种经过岁月侵蚀的、有些磨损的外观，已经在印刷界和网络世界中存在很久了，但是到了 2004 年才成为公众的焦点，此时卡梅隆·摩尔把这种有美感的设计赋予了一个可以代表一种趋势的、吸引人的名字——"磨损而恶劣的外观"。Fannypack 团队网站的设计就是采用了这种仿古的手法，来营造网站粗糙、怀旧的风格，做旧的色彩以及折叠起来的报纸的细节处理都为网站赋予了一种历史的厚重感（图 4-10）。

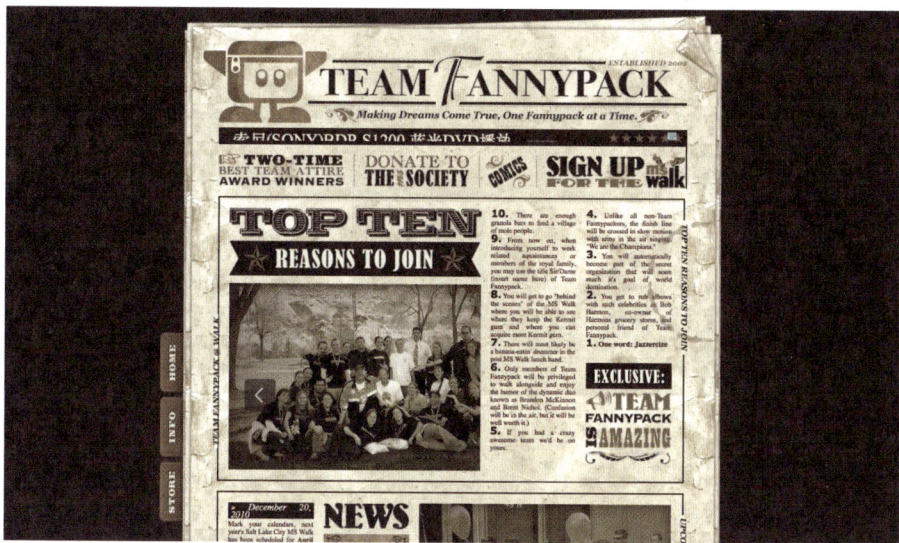

图　4-10

3. 肌理和材料

采用肌理图像对于网页风格的营造是一个非常值得推荐的方法。不同的肌理图像可以采用不同的材料来实现，比如针织品、原木、纸质品等。图 4-11 在网页上加入了一些针织品的元素，这样的做法使网页的外观颇具个性，突破了传统网站的数字性，使网站更具有质感，由于针织品特殊的质感使网站的界面看起来很舒服，也势必会受用户欢迎。图 4-12 是一个家具网站，木质切面的纹理几乎占据了画面的大部分，很贴切地体现了网站的主题和想要传递的环保和人文关怀的理念，这样的设计方法使用户对产品的质量产生了很好的信任感。

为了突出显示手表的高端品质和经久耐用的产品特点，Victorinoxwatches 网站采用了生锈的铁制品作为背景，和手表精致的质感相比较，产生了强烈的视觉对比（图 4-13）。整个网站的背景则是采用了规则的、细小的方形图案肌理，很好地体现了产品的精致、理性、规则等特点（图 4-14）。

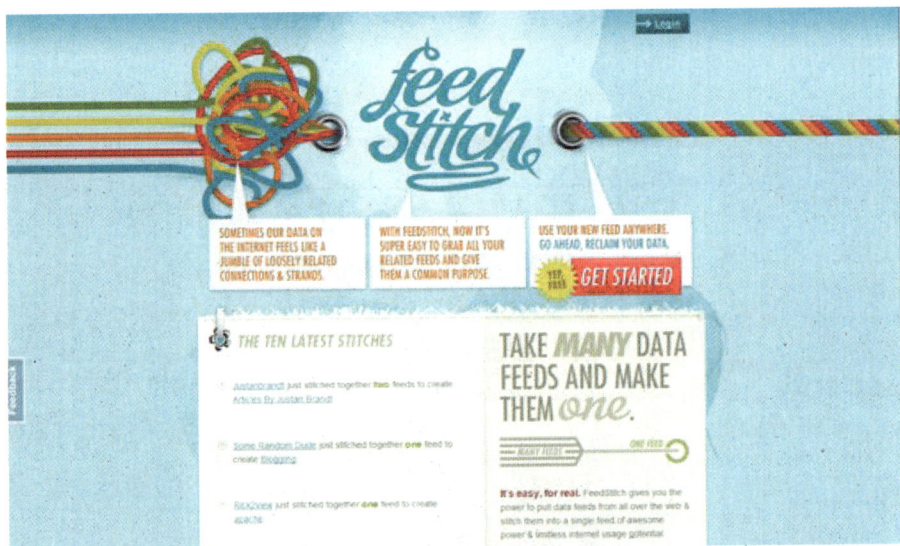

图 4-11

图 4-12

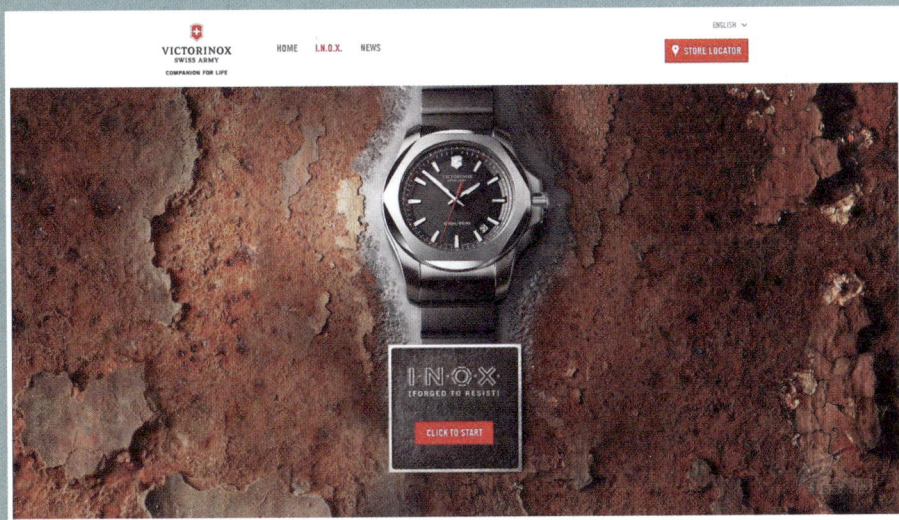

图 4-13

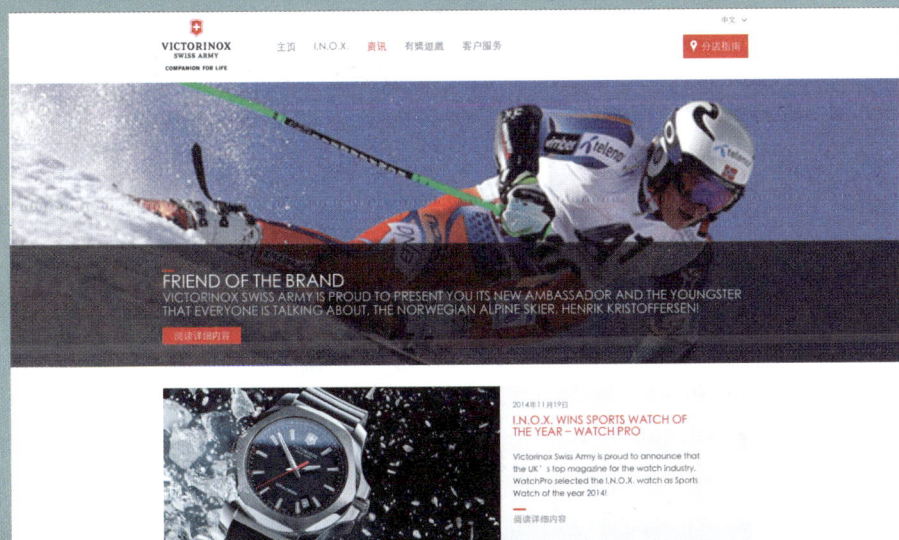

图 4-14

4.3 统一与背景

4.3.1 图像的统一

网页中的图像使用固然可以提升用户的关注度，但是使用过程中要注意"度"的把握。比如在每个页面中对图像的使用数量、大小、风格以及位置等因素需要控制。

另外，由于现在网页设计手法的多样化，网页的呈现形式也多种多样。在网页的整体形式上一般都是纵向的，也有特意设计成横向的滚屏，其长度从一屏到几屏不等，这种形式的网页在设计过程中必须考虑网站的统一性，而不能将每个页面的图像风格割裂开来。要确保图像的完整性和延续性，寻找对比中的和谐，建立统一的视觉识别图像风格，使用户能得到完整、统一的视觉感受，所以在网页中必须处理好每一屏的图像与整个页面图像之间的从属和主次关系（图 4-15、图 4-16）。

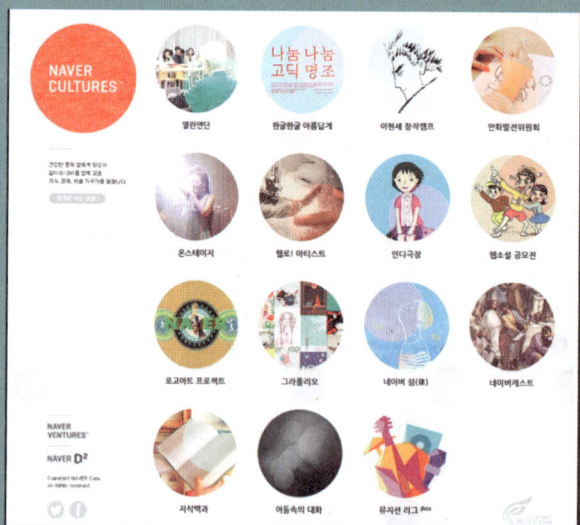

图 4-15

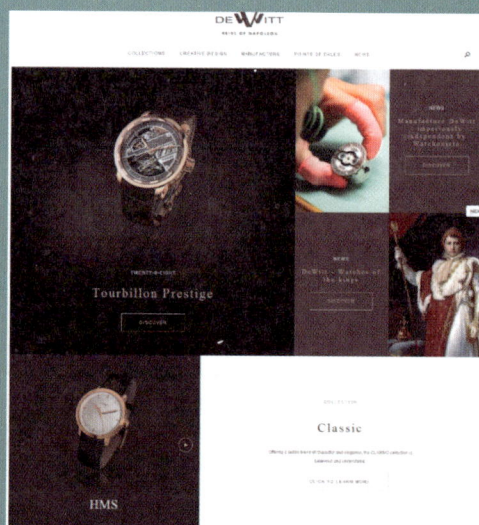

图 4-16

4.3.2 图像的背景

在网页设计中，图像与背景是对比和反衬的关系，因此图像与背景应建立在和谐统一的基础上，使主要信息更加突出。一般情况下应避免使用具有多种色调和复杂对比度的图案作为背景，比如一些太突出的斑点状、纹理状的图案等。通常情况下设计师更愿意采用纯色和简单颜色渐变的图案作为背景，来创造各种有趣的、富有创意的网页氛围。Hankooktire 网站首页采用单色的轮胎肌理图片作为背景，暗示了网站的产品特性，在主题图像上则使用了明度较高的图像，突出体现了网站的主题（图 4-17）。当然也有设计师更愿意以极简的风格来展示网站的主题，如图 4-18、图 4-19 所展示的那样——简单的背景色加上简单的文字和图像就构成了网站的首页，用户可以一目了

图 4-17

图 4-18

图 4-19

然抓住网站的主题。

如果将设计进一步推进，可以尝试让背景图片成为主题内容的一部分，这样的创意可以使一些简单的视觉元素以复杂并富有成效的方式展现出来。如图4-20所显示的那样，图片中的人物图像既是背景又和主题文字完美统一起来，担任着主题图像的作用。Peninsula网站首页上的做法则更为简单直接，首页背景是在世界各地的Peninsula hotel的图像，仅在图像上标注了一句体现地理位置的文字作为说明，这样的做法虽然是极简的，但是视觉内容非常丰富。图像既是背景又是主题在这里得到了很好的诠释（图4-20～图4-25）。

图 4-20

图 4-21

图 4-22

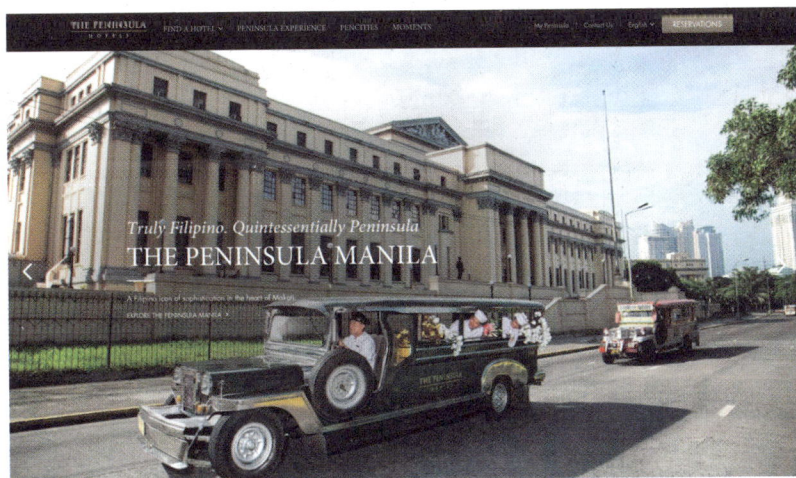

图 4-23

图 4-24

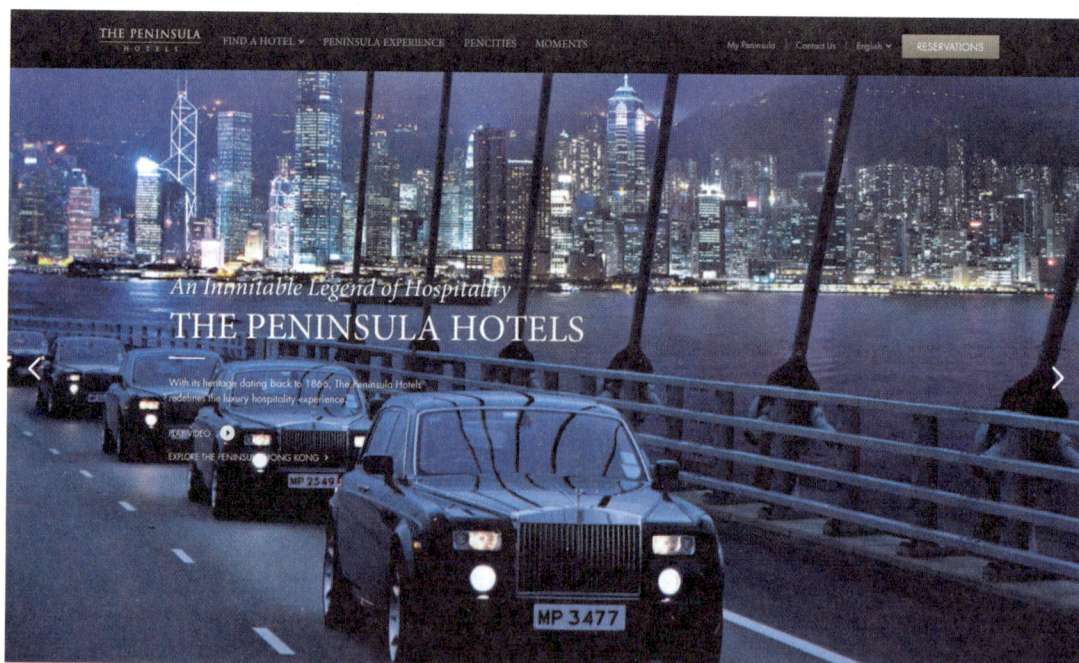

图 4-25

第 5 章
网页色彩

ART & DESIGN OF
WEB　PAGE

网页色彩的使用范围涵盖了网页的背景、文字、图标、边框以及超链接等，合理的色彩搭配可以恰如其分地体现网站的主题和风格，进一步提升网站的用户关注度，所以色彩在网页设计中的影响很大，很多时候占据了不可或缺的地位。

5.1 网页色彩模式

5.1.1 216 网页安全色

网页安全色为 216 种颜色，其中彩色为 210 种，非彩色为 6 种。216 网页安全色是指在不同硬件环境、不同操作系统、不同浏览器中都能正常显示的颜色集合，这些颜色在任何终端浏览器上的显示效果都是相同的，所以用 216 网页安全色进行网页配色可以避免原有的颜色失真问题。

当浏览器显示一个图像时，如果浏览器内置调色板中没有一模一样的颜色，系统就自动利用浏览器内置调色板中与目标颜色最相近的颜色进行替换，对于超出网页安全色范围的颜色通过混合其他相近颜色模拟显示目标颜色，而此时的显示效果通常都比较模糊。216 网页安全色用于显示徽标或二维平面效果时是绰绰有余的，但是在实现高精度的真彩图像或照片时会有一定的欠缺，因此使用网页安全色的同时，也应结合非网络安全色的使用，二者应合理搭配。

5.1.2 网页色彩模式

1. 网页 RGB 模式

RGB 表示红色 (R)、绿色 (G)、蓝色 (B)，又称为三原色。它是通过对三个颜色通道的变化以及它们相互之间的叠加来得到各式各样颜色的，RGB 即是代表红、绿、蓝三个通道的颜色，这个标准几乎包括了人类视觉所能感知的所有颜色，是目前运用最广的颜色系统之一。

通常情况下，RGB 各有 256 级亮度，用数字表示为 0 ~ 255。按照计算，256 级的 RGB 色彩总共能组合出约 1678 万种色彩，即 $256 \times 256 \times 256 = 16777216$。通常也被简称为 1600 万色或千万色，也称为 24 位色 (2^{24})。

在许多图像软件里都有色彩调配功能，输入三原色的数值可调配颜色的变化，也可直接根据软件提供的调色板来选择颜色。RGB 模式是显示器的物理色彩模式，这就意味着无论在软件中使用何种色彩模式，只要是在显示器上显示的，图像最终均以 RGB 模式显示。

2. HSB 模式

HSB 模式是指色彩的三要素：色相（Hue,H）、饱和度（Saturation,S）、明度（Brightness,B）。HSB 模式对应的媒介是人眼。饱和度高色彩较艳丽，饱和度低色彩接近灰色。明度高色彩明亮，明度低色彩暗淡，明度最高得到纯白，最低得到纯黑。一般浅色的饱和度较低，明度较高，而深色的饱和度高而明度低。

（1）色相。在 0 ~ 360° 的标准色轮上，色相是按位置度量的。通常，色相是由颜色名称标识的，例如红、绿或橙色。黑色和白色无色相。

（2）饱和度。表示色彩的纯度，纯度值为 0 时色彩为灰色。白、黑和其他灰色色彩都没有饱和度。在饱和度值最大时，每一色相具有最纯的色光。

（3）明度。表示色彩的明亮程度。明度值为 0 时即为黑色，最大时是色彩最鲜明的状态。

RGB 和 HSB 是所有配色的基础，每个人眼中所看到的五颜六色的世界，其中的任何颜色都可以说是从这个两个概念中所获得的，配色的精髓就是在不断的实践过程中积累对 RGB 和 HSB 不同环境下色值调试的经验，有了这样的经验，就很容易做出令人赏心悦目的网页。

5.2 网页配色原则

在网页设计中，色彩的搭配是需要设计师慎重考虑的：不仅要考虑网站自身的特点，还要遵循一定的艺术设计规律，成功的色彩搭配能够使网站风格统一，重点内容突出，为网站的信息起到良好的助推作用，因此如何在网页中合理运用色彩是一项技术性和艺术性很强的工作。下面介绍网页设计中色彩搭配所需要遵循的一些基本原则。

5.2.1 色彩的鲜明性

色彩给人的感受是丰富而奇妙的，一个网站要吸引用户，给用户留下深刻的印象，体现在色彩的使用方面，则需要色彩的风格鲜明，定位准确，能恰到好处地体现出网站的主题。不同行业的网站要通过色彩来体现其风格，如 Local Mineral Water 网站以不同的图案搭配相应的色彩，突出其饮料的天然性和矿物质含量，很好地表现了其产品的特点（图 5-1）。而 Jesuis Unicq 网站则通过在大面积的红色上点缀黑色字体来体现其艺术性和神秘感（图 5-2）。Uvo.Kia 虽然是一个汽车行业的网站，但是由于其产品本身的特点，并没有像普通汽车网站那样着重表现机械的性能，而是采用了比较卡通的手绘方式搭配活泼的色彩来体现该款汽车俏皮的卖点（图 5-3）。

5.2.2 色彩的独特性

任何设计都在求新求变以彰显其独特性，具体到网页中的色彩使用也不例外，与众不同的色彩定位，可以使用户对网站的印象强烈。但是要注意把握适当的尺度，能完美诠释网站风格的色彩运用才是成功的设计。

It's On Us 是以反对性骚扰为主题的网站，网站首页以大面积的黑色来表

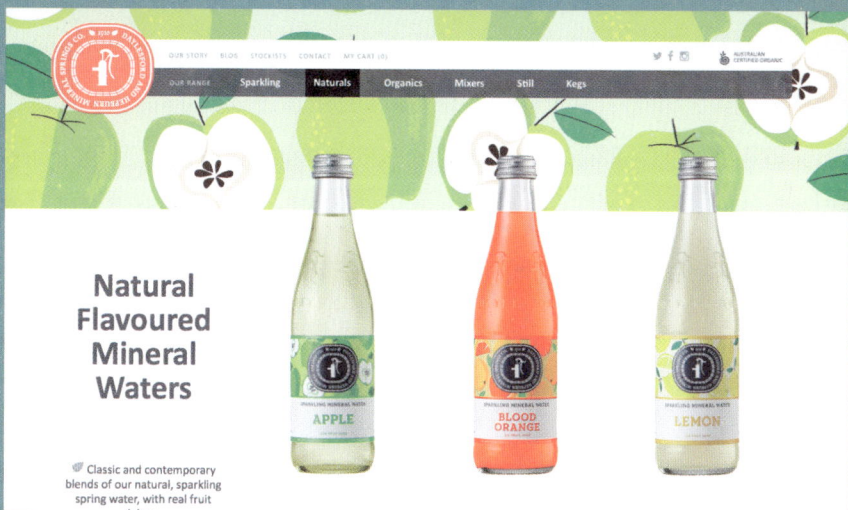

图 5-1

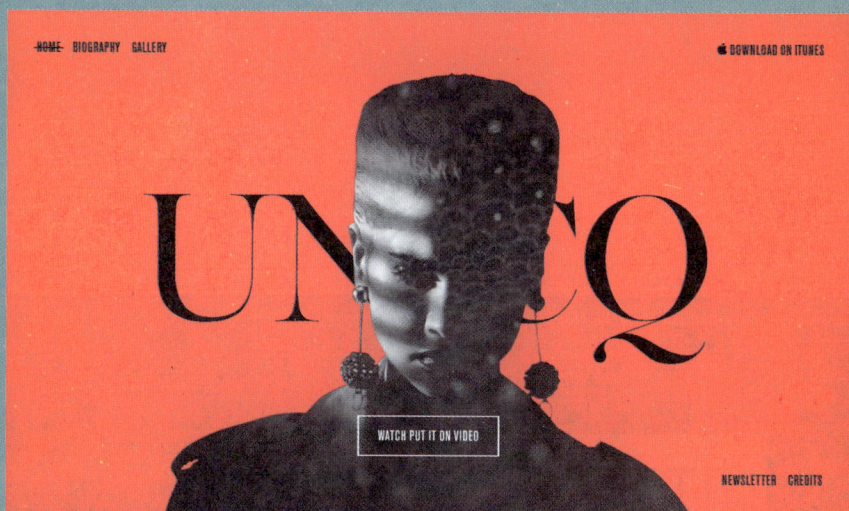

图 5-2

图 5-3

现这个严肃的社会问题，网页的中心位置以动态图形配以不同的色彩体现不同信息，整个画面的色彩给人以严肃、紧张的心理暗示，很好地传递了网站要表现的主题内容（图5-4）。相比较而言，高明度的蓝色会带给人愉悦的心理暗示，这也就是iPhone-timeline网站和Ferias Para Curtir网站用色的成功之处，作为娱乐性质为主的产品，没有什么比让人心情愉悦更为重要的了（图5-5、图5-6）。Colors of Motion作为专门以色彩为卖点的网站，在色彩的使用上偏偏走了不同的路线，网站的首页虽然使用了不同色相的色彩，但是低纯度的处理使网页体现出了一种独特的厚重感（图5-7）。同样是低纯度的色彩使用，Kaspersky网站则主要是以突出安全保护设备为表现的主题（图5-8）。

图 5-4

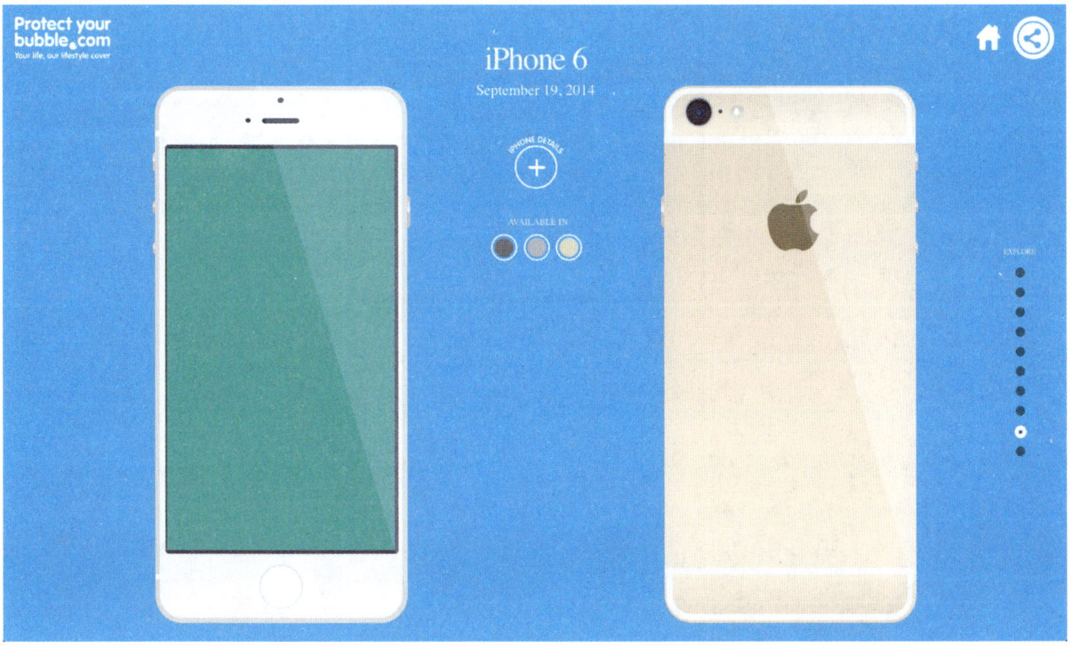
Protect your bubble.com
Your life, our lifestyle cover
iPhone 6
September 19, 2014
AVAILABLE IN

图 5-5

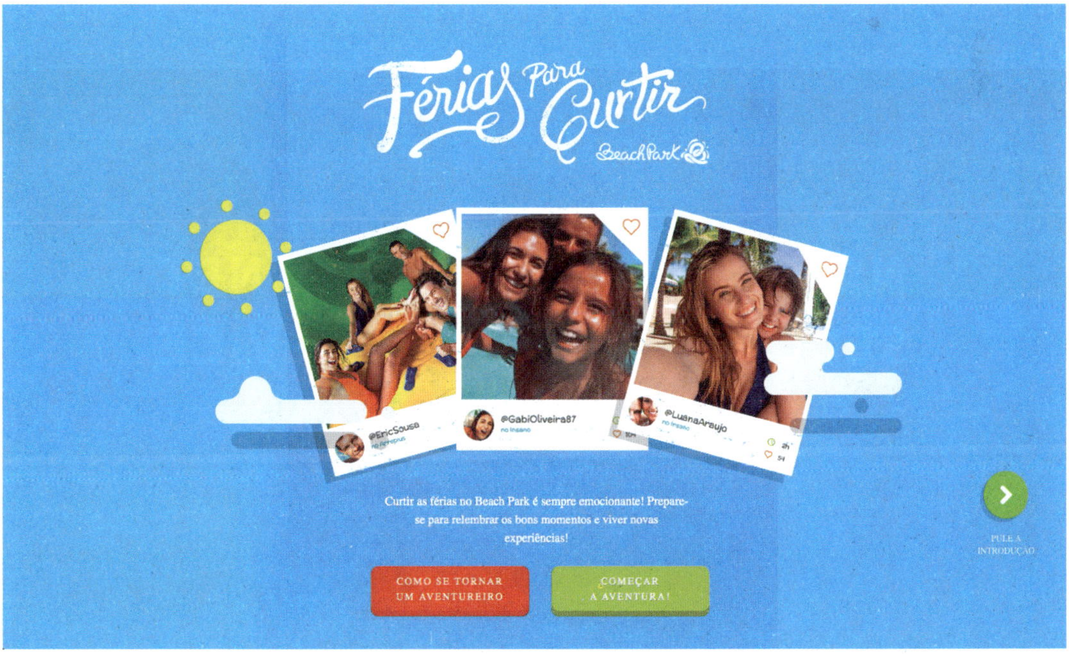
Férias Para Curtir
BeachPark
@EricSousa
@GabiOliveira87
@LuanaAraujo
Curtir as férias no Beach Park é sempre emocionante! Prepare-se para relembrar os bons momentos e viver novas experiências!
COMO SE TORNAR UM AVENTUREIRO
COMEÇAR A AVENTURA!

图 5-6

图 5-7

图 5-8

5.2.3　色彩的适宜性

　　网页色彩的使用不仅要考虑网站内容和主题的要求，还应考虑浏览者的生理和心理特点，甚至还要考虑地理、民族特征等因素，在遵从艺术设计规律的同时，运用符合一切主客观因素的色彩搭配体系。

　　作为医疗类网站，一个舒心、放松的界面设计更容易让用户接受，因此这家韩国医疗网站使用了高明度的色彩为主色调，这让整个页面整洁明亮起来，传递了该机构的性质和理念（图 5-9）。当然也有另外一种做法，比如 Health-On-Line 网站则采用了更为严肃直观的手法来表现吸烟给肺部带来的危害，整个画面以低明度的灰色为主，似乎在让人们感受着呛人的烟雾所带来的痛苦（图 5-10）。而作为主要用户是儿童的网站，没有什么比五彩斑斓的色彩更能吸引他们的视线了（图 5-11、图 5-12）。

图　5-9

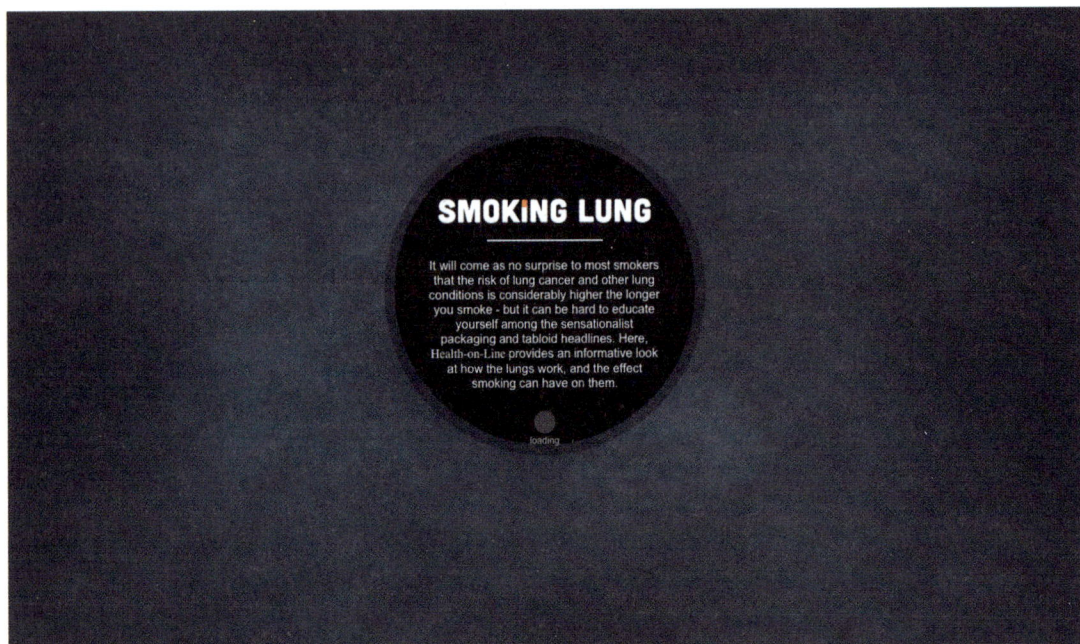

图 5-10

图 5-11

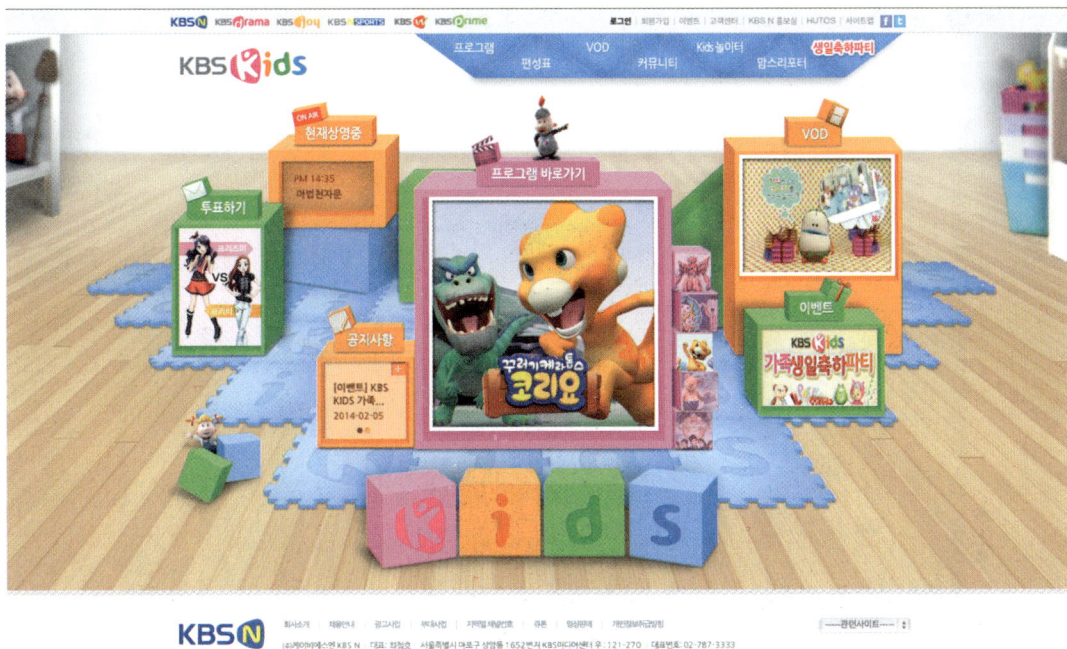

图 5-12

5.2.4 色彩的联想性

色彩本身无任何含义，它们需要联想而产生含义，色彩在联想间影响人们的心理，左右人们的情绪，不同色彩联想给各种色彩都赋予了特定的含义，甚至每种色彩在饱和度和明度上的略微变化都会产生不同的心理感受，因此使用色彩时需要清楚了解网站的主题和用户群的特点。

1. 红色

红色象征着肾上腺素和血压。红色因具备这些生理上的效应，被认为可以促进人的新陈代谢，是一种令人兴奋并充满梦想和动力的色彩，所以在很多购物类网站，为了达到刺激人购买欲望的目的，都采用了大面积的红色（图 5-13、图 5-14）。

图 5-13

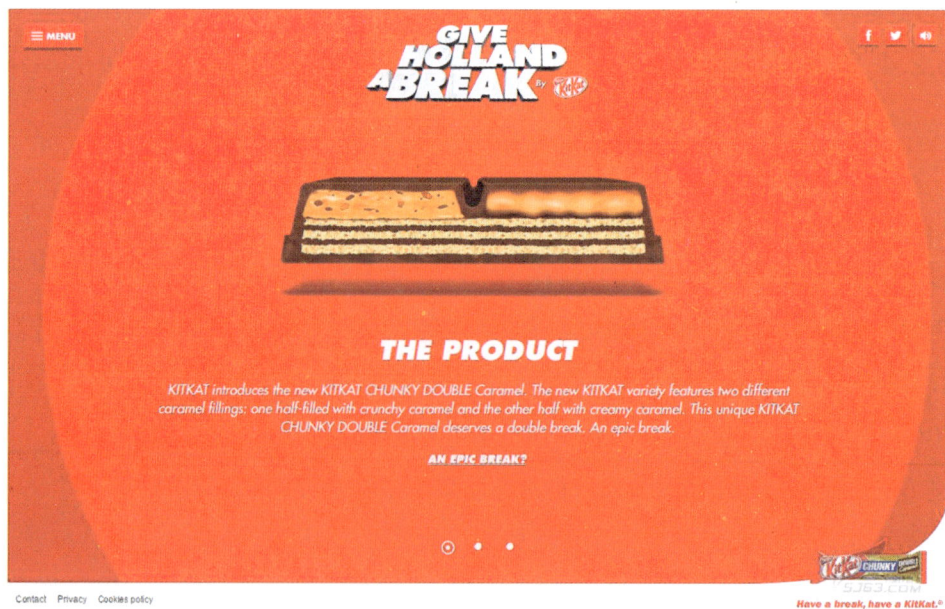

图 5-14

2. 橙色

橙色是一种非常活泼的、充满能量的颜色，代表阳光、热情，尽管它不会激发出像红色那样的感情，但是橙色可以提升人们的幸福感。橙色还可以刺激人们的新陈代谢和食欲，是食品和烹饪促销的最合适的颜色，这就是很多食品类网站喜欢使用橙色系的原因（图 5-15、图 5-16）。

图 5-15

图 5-16

ART & DESIGN OF
WEB PAGE

3. 黄色

黄色是一种非常活泼的色彩，而且黄色的易识别性很好，因此黄色在很多提示人们注意的场合比较常用，很多时候和红色一样，在商品促销的显要位置，黄色更容易被使用（图5-17、图5-18）。

图 5-17

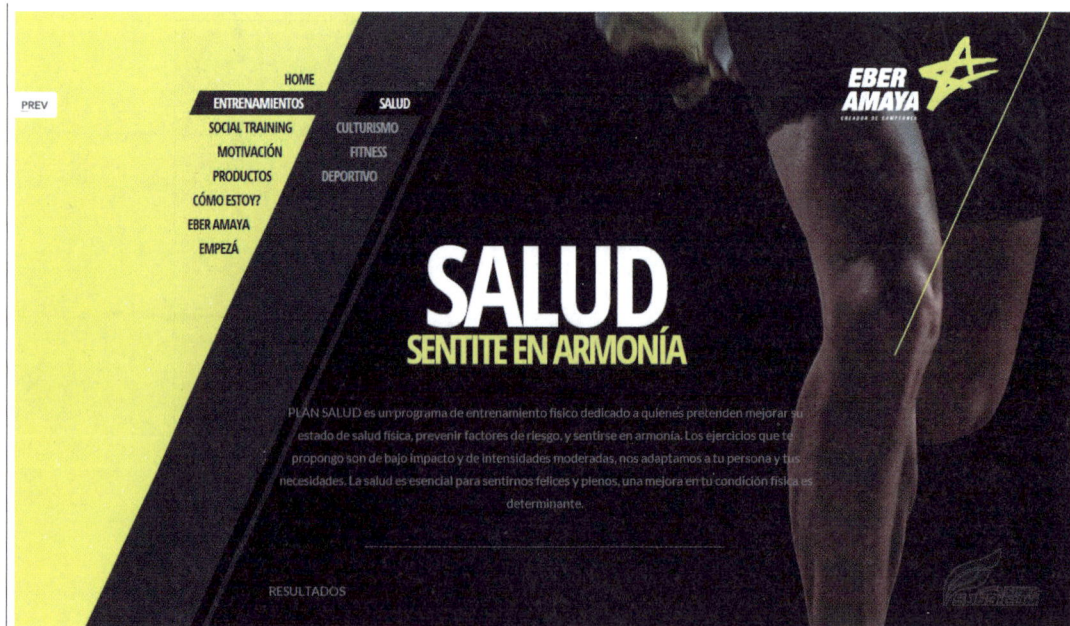

图 5-18

4. 绿色

绿色是一种安全感很足的颜色，它经常被与大自然联系在一起，是一种抚慰的颜色，象征着生长、新鲜和希望。绿色更容易让人们的视觉感觉到舒适，所以在很多象征安全性的网站中，绿色经常被用到（图 5-19、图 5-20）。有些时候绿色在黑色背景上使用时，会带来意想不到的视觉感受，带给人们一种科技感和力量感（图 5-21、图 5-22）。

图 5-19

图 5-20

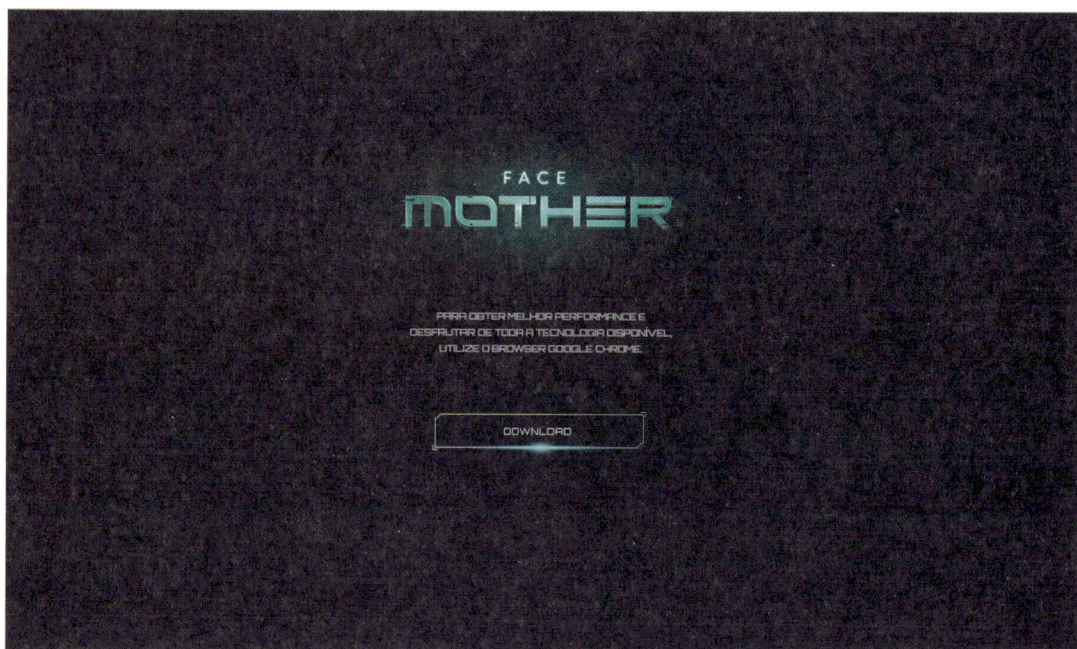

图 5-21

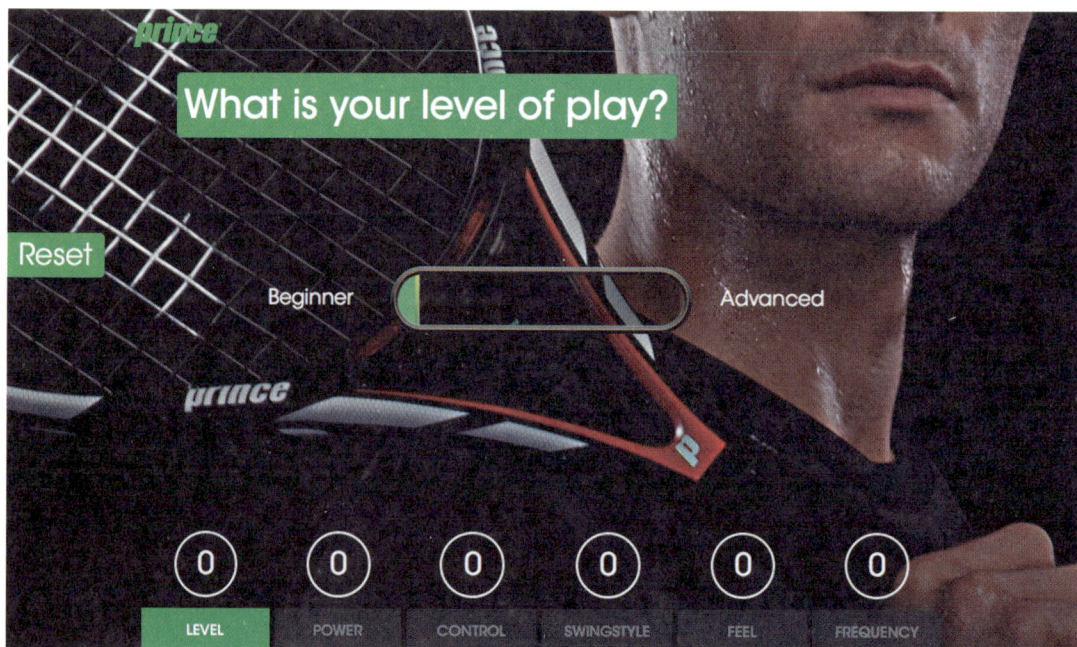

图 5-22

5. 蓝色

蓝色被认为是一种可以带给人们平静的颜色，因为天空和大海的颜色都是蓝色，所以蓝色被赋予了开阔、包容的感情含义（图 5-23、图 5-24）。蓝色也代表着开放、智力和忠诚，所以很多科技类企业网站几乎都是以蓝色为主色（图 5-25）。但是蓝色在某些时候也象征着忧郁，也会影响人们的食欲，所以在使用蓝色的时候要注意合适的主题。

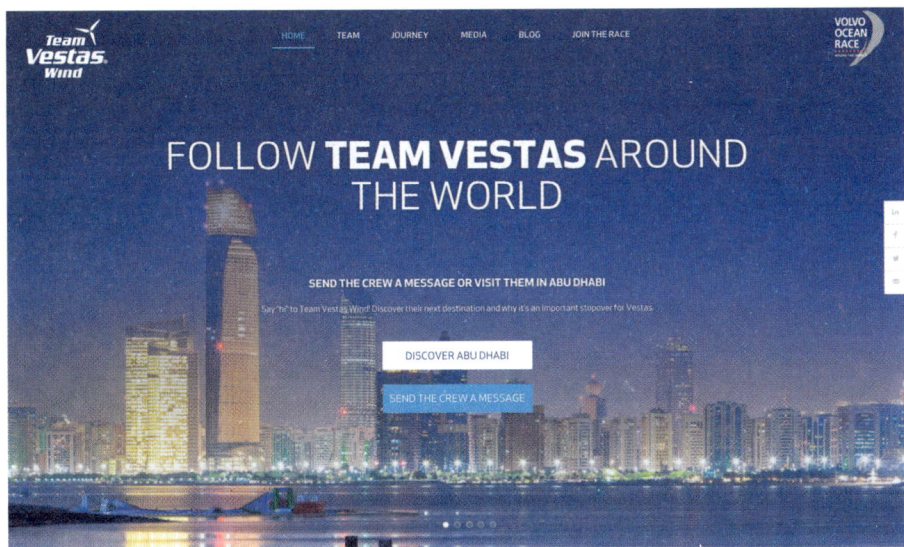

图 5-23

图 5-24

图 5-25

5.3　网页配色方法

我们已经了解了网页的色彩模式和色彩使用原则，但是如何让各种颜色在网页上一起和谐地工作呢？这就是配色方案所要解决的问题，配色方案是创建和谐而有效的颜色组合的基本公式。

5.3.1　单色的使用

这里所说的单色使用是由单个的基本颜色及其不同明度和纯度的变化组合而成的色彩搭配方式。一些网站的设计师运用单色的手法来设计网站的配色模式，不使用图像或其他图形装饰，这样的设计手法使得网站看上去更明快、整洁，也可以引导用户将注意力集中在网站的主要信息内容上。另外，单色的使用由于需要加载的图像非常少，使得网站真正实现了快速加载，这对于网站的信息传递效率的影响是非常大的，因为大量研究表明，网页下载速度减慢就等同于收益减少，特别是商务网站。比如网络公司 Solid Giant 的网站首页就使用了大面积的玫红色调，设计师在纯色的基础上对背景做了肌理化的处理，使画面层次感更丰富了。再加上白色字体的运用，使页面更加简洁、明快，显得整个网站的设计风格既简洁又具有层次感（图 5-26）。

　　单色的使用还可以通过不同的纯度、明度和 Alpha 值来营造丰富的页面效果（图 5-27）。采用接近于纯色的配色模式来设计网页，使得网站的基本页面信息的传递效率大幅度提高（图 5-28）。另一个优秀的例子是 IntuitionHQ 网站首页，它有选择地使用了纯色的配色方案，运用了肌理元素

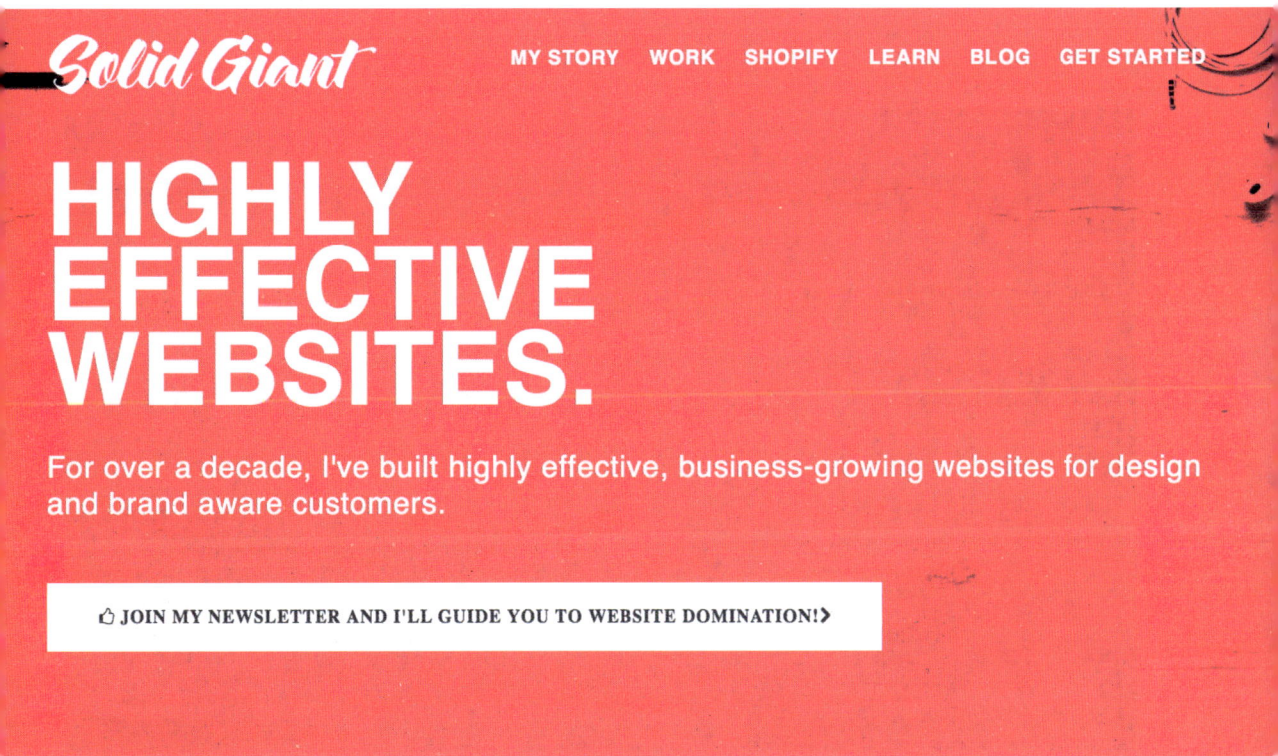

图 5-26

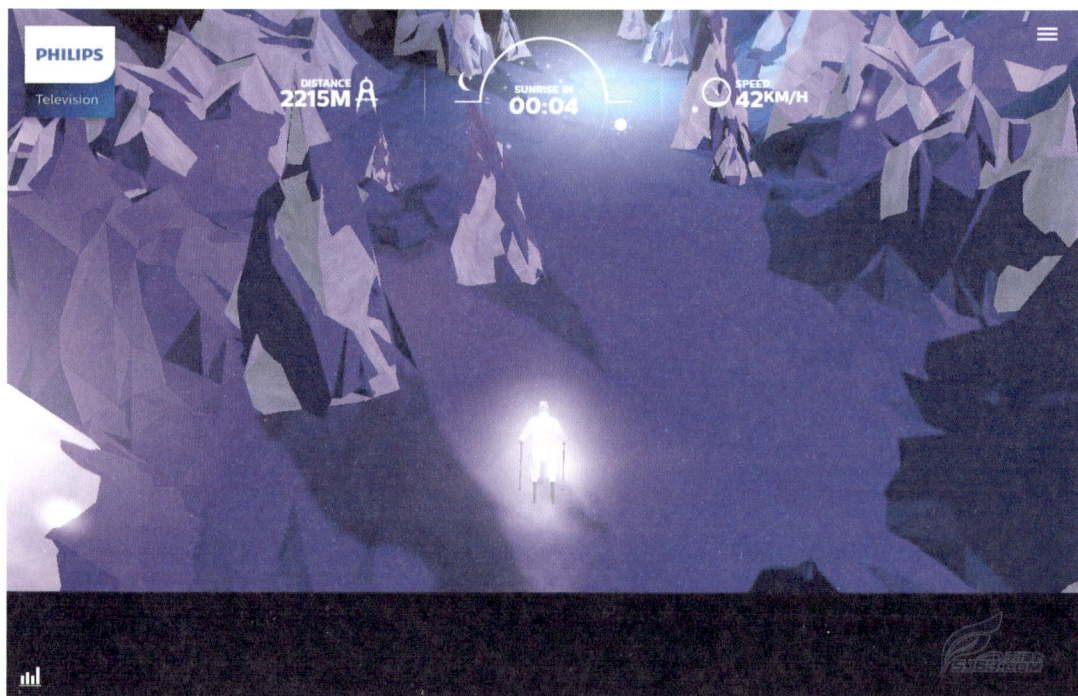

图 5-27

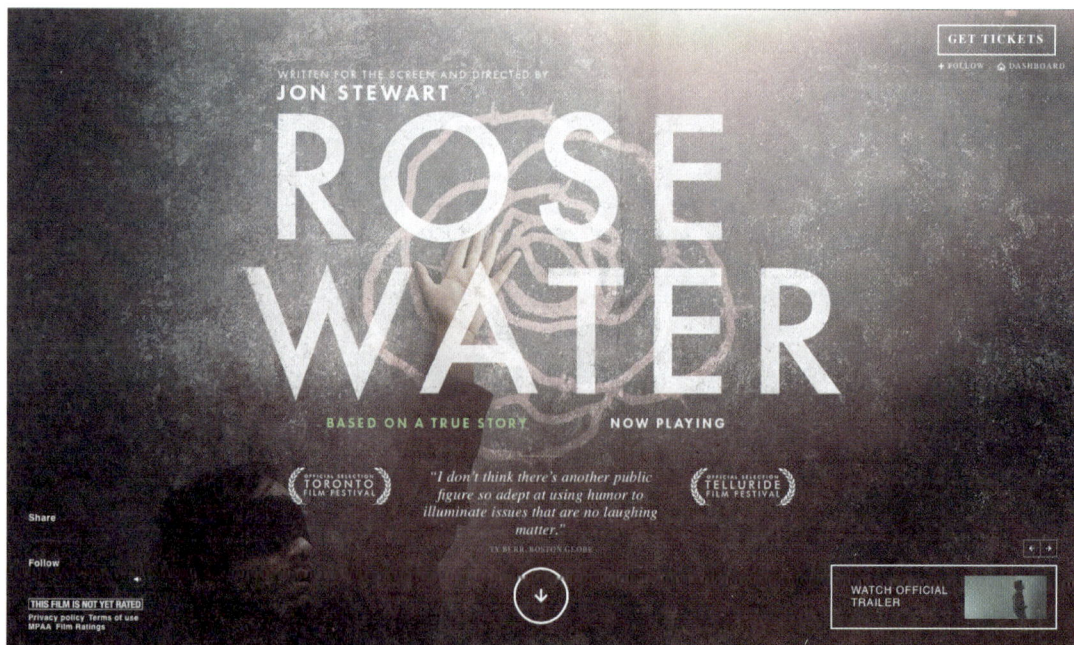

图 5-28

营造出纯色的效果，再辅以简单的趋近于白色的背景，使网站的整体风格更
加简洁，网站的主要信息一目了然，便于用户进行体验（图 5-29）。

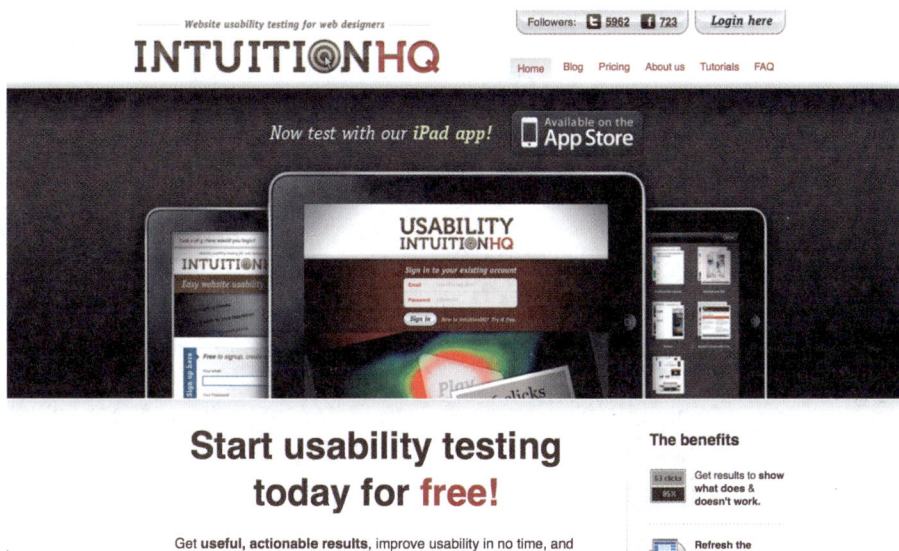

图 5-29

需要说明的是，在色彩的运用中，黑色和白色是两个特殊色，一般用于
背景色，与文字色彩的对比要适当拉大，可以营造优雅、有力量和简洁的氛围，
但是使用不当也会起到负面影响。所以要考虑用户的心理感受，根据设计的
需要合理使用，会为网页带来意想不到的效果（图 5-30 ～图 5-34）。

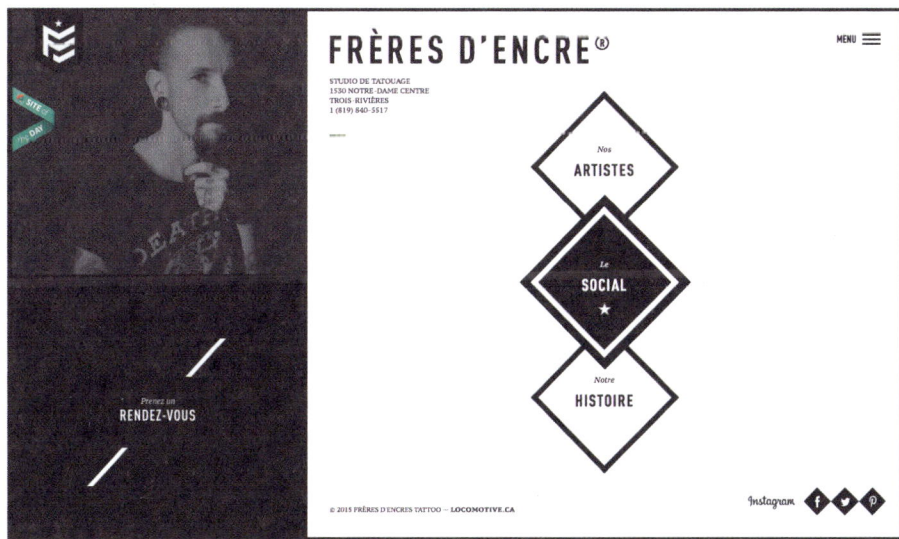

图 5-30

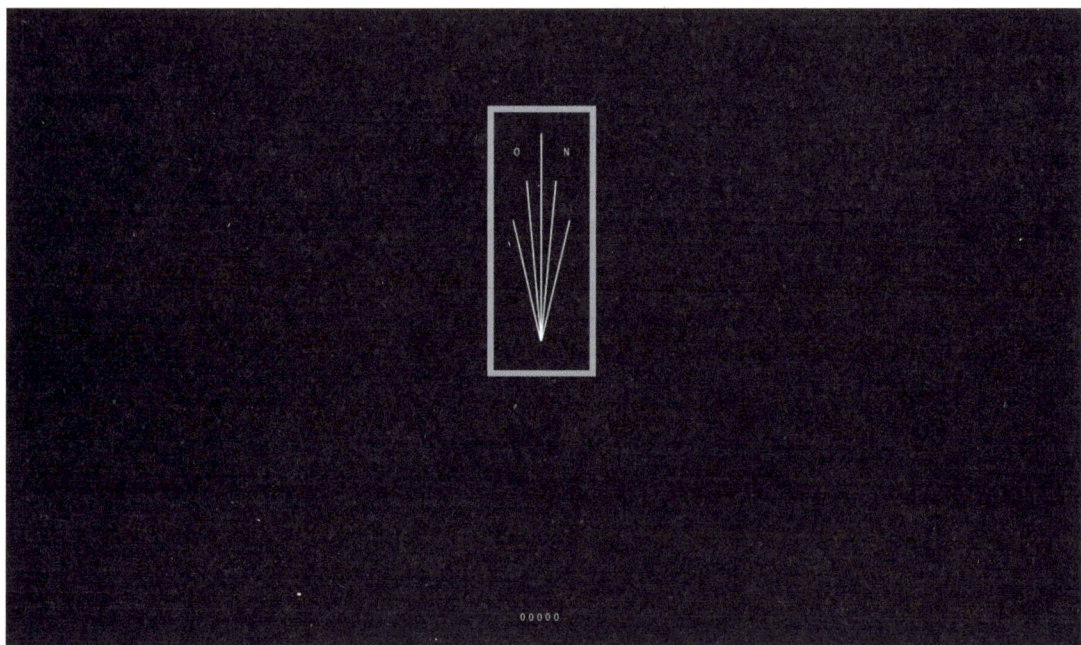

图 5-31

图 5-32

图 5-33

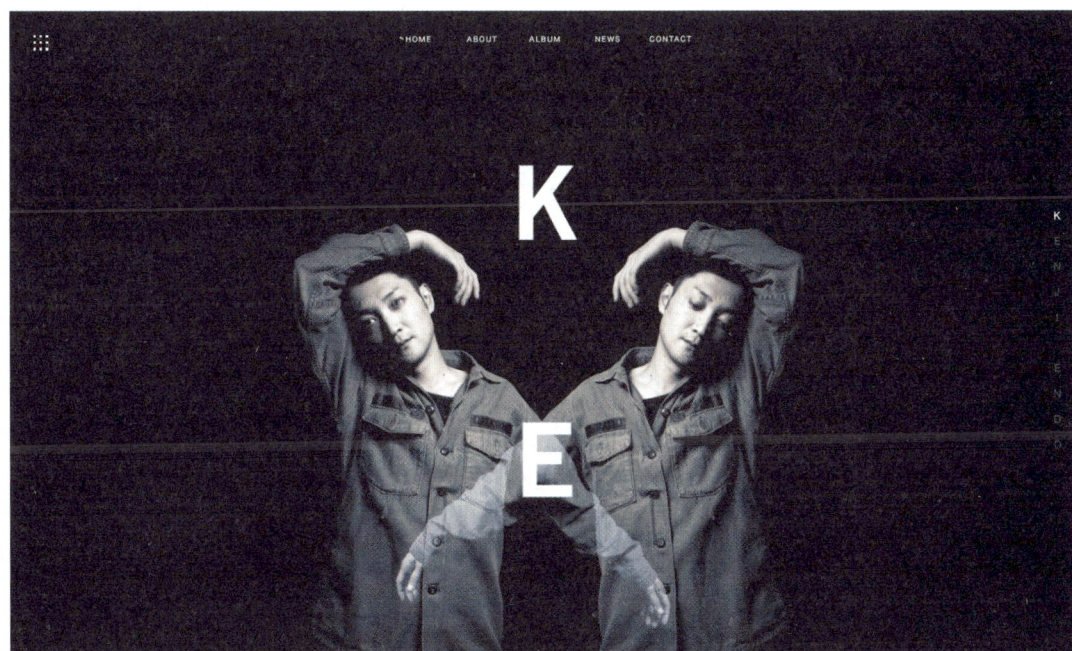

图 5-34

5.3.2 相似色的使用

　　所谓相似色，就是在色相环上相邻近的颜色，例如绿色和蓝色、红色和橙色就互为相似色。因为两个相似色都包含第三种颜色，所以采用相似色的配色方案可以使网页避免色彩杂乱，易于达到页面的和谐统一。

　　Forrst 网站首页上充满幽默感的图形设计与和谐的相似色，从青色的天空到橘红色的背景，都和主题风格搭配得非常协调（图 5-35）。Blinksale 网站是一个服务器托管的网络应用程序，它的配色方案也是以相似色为主的，整个网站以不同明度和纯度的蓝色为主，营造了丰富的页面层次感（图 5-36）。Airsocial 网站首页上采用几组相似色体现网站主题。相似色的使用使画面更为稳重、简洁，而在醒目的位置添加了小部分的对比色来提高用户对重要信息的关注度（图 5-37、图 5-38）。

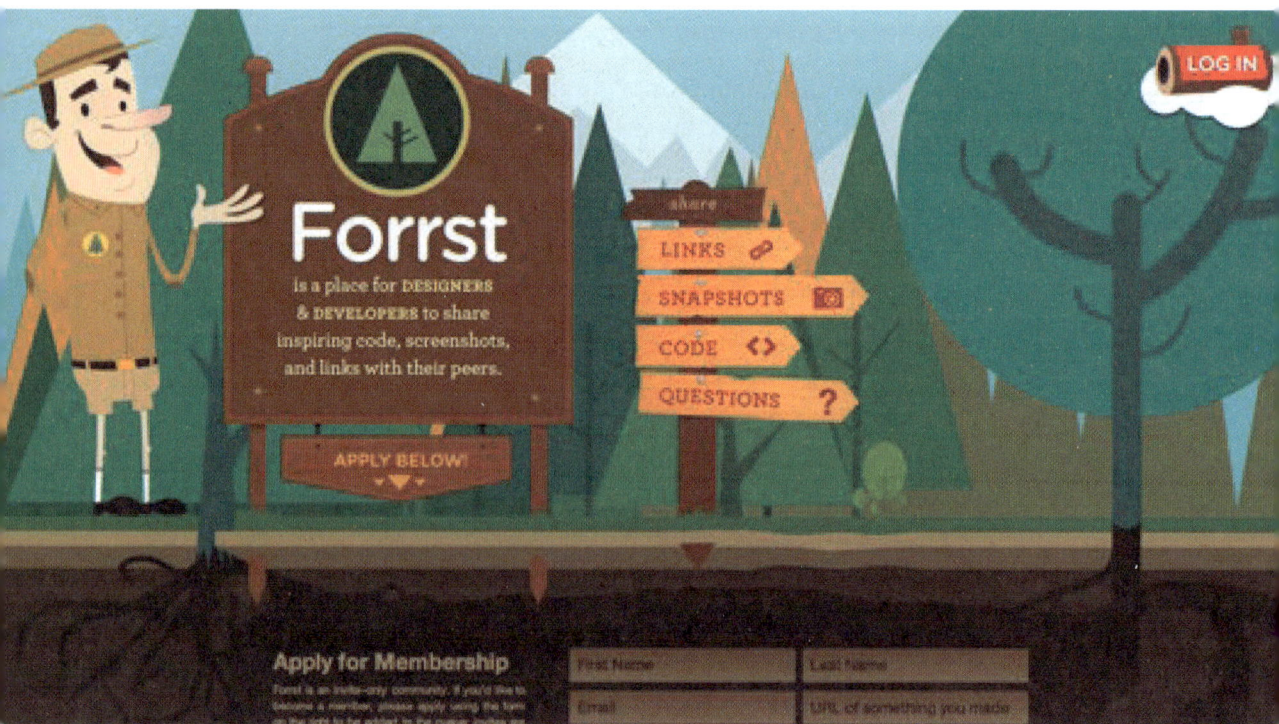

图 5-35

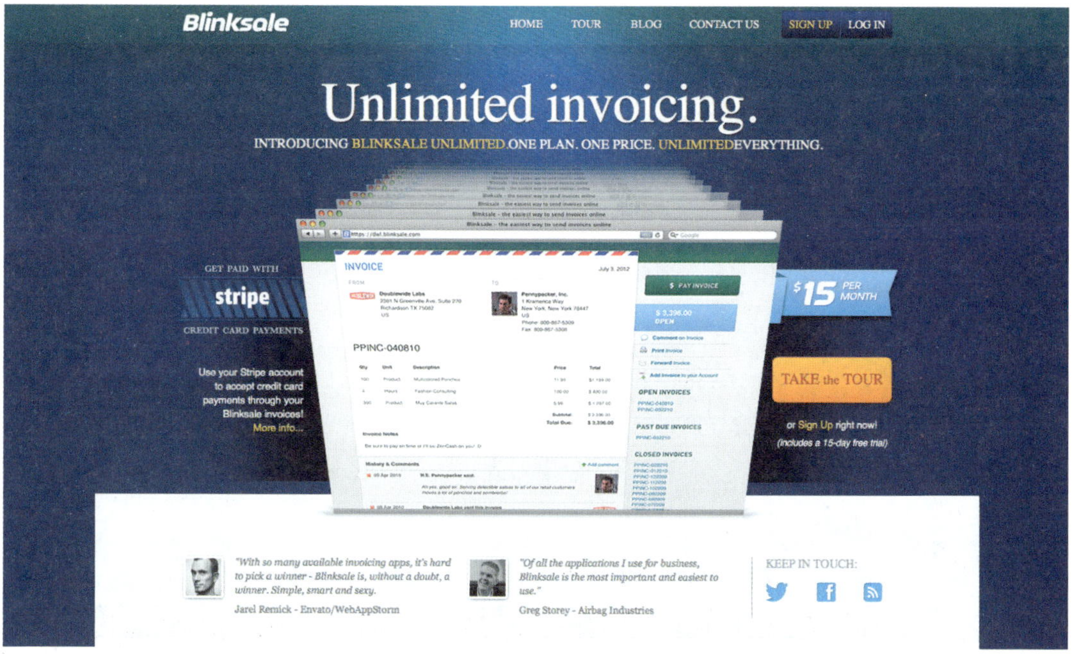

Blinksale
HOME
TOUR
BLOG
CONTACT US
SIGN UP
LOG IN
Unlimited invoicing.
INTRODUCING BLINKSALE UNLIMITED.ONE PLAN. ONE PRICE. UNLIMITEDEVERYTHING.
GET PAID WITH
stripe
CREDIT CARD PAYMENTS
Use your Stripe account to accept credit card payments through your Blinksale invoices!
More info...
INVOICE
PPINC-040810
$15 PER MONTH
TAKE the TOUR
or Sign Up right now!
(includes a 15-day free trial)
"With so many available invoicing apps, it's hard to pick a winner - Blinksale is, without a doubt, a winner. Simple, smart and sexy.
Jarel Remick - Envato/WebAppStorm
"Of all the applications I use for business, Blinksale is the most important and easiest to use."
Greg Storey - Airbag Industries
KEEP IN TOUCH:

图 5-36

AWWWARDS
CSS REEL WINNER
Vous portez un projet innovant ?
PRENEZ VOTRE ENVOL
Notre motivation est d'aider les jeunes entrepreneurs, startups et TPE/PME à développer leurs projets innovants sur les réseaux sociaux.
Bienvenue à bord !
RUCHE & POLLEN
KissKiss BankBank

图 5-37

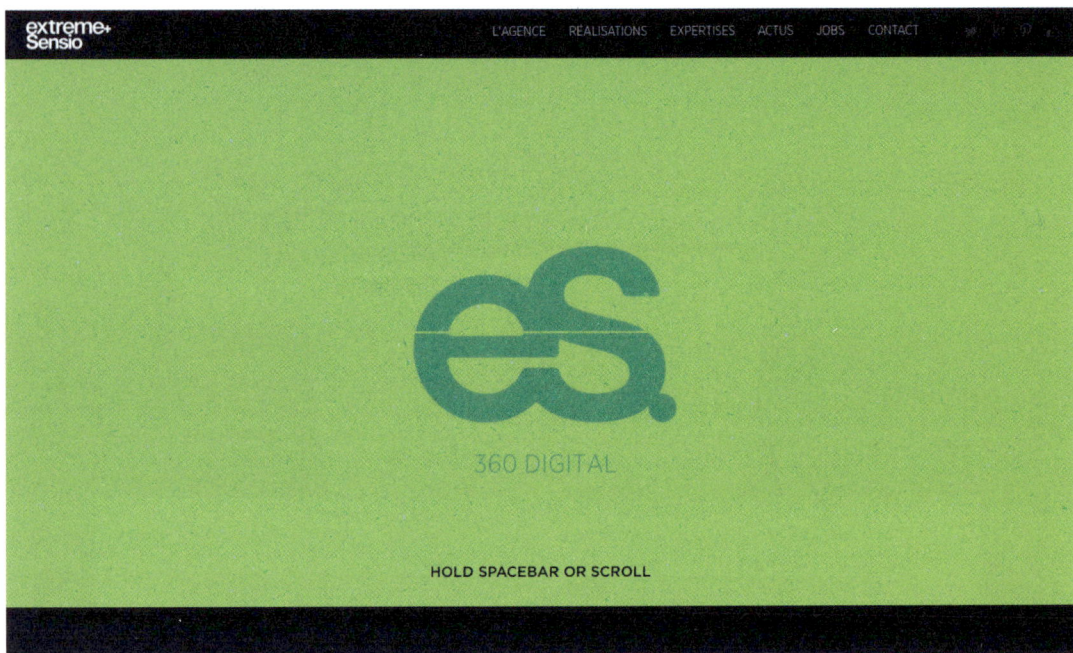

图 5-38

5.3.3 补色的使用

互补色在光学中指两种色光以适当的比例混合而能产生白色感觉时，则称这两种颜色"互为补色"。在具体使用中，补色的恰当使用可以突出画面重点，产生强烈的视觉效果。在补色的使用中要注意面积、明度、饱和度的把握。比如可以以一种颜色为主色调，它的补色作为点缀，起到画龙点睛的作用（图5-39、图5-40）。也可以降低互补色的饱和度以达到色彩的统一和协调，如 Bar Camp Omaha 网站首页那样，通过降低纯度和调整面积等方法，将红色和绿色、蓝色和橙色两组互补色非常和谐地统一在一个页面中（图5-41、图5-42）。

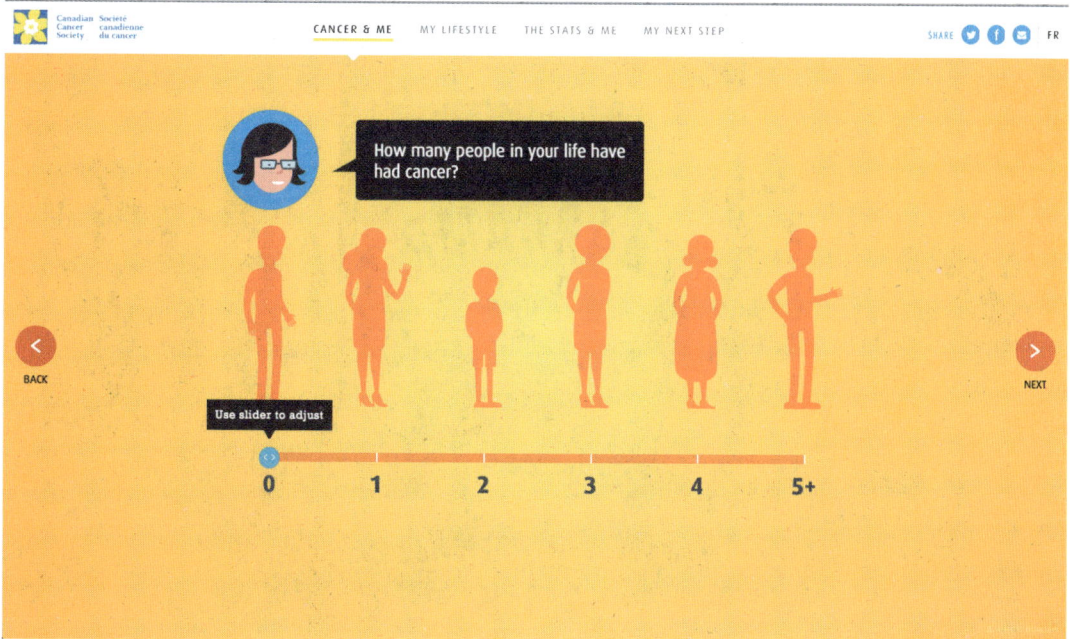

图 5-39

图 5-40

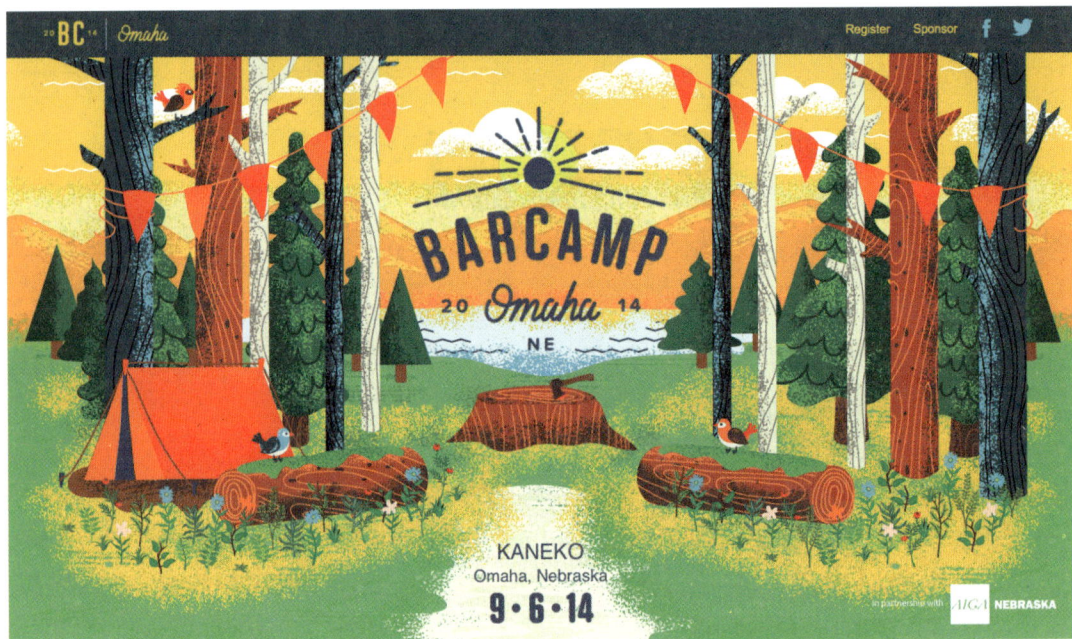

图 5-41

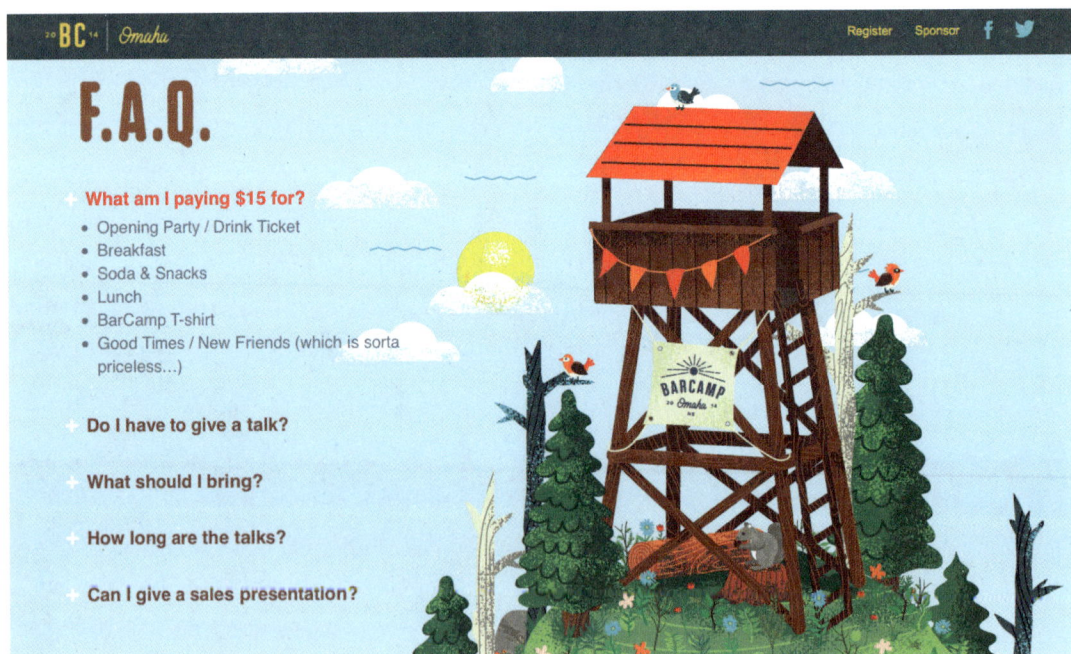

图 5-42

第 6 章

网页设计中需要
注意的一些细节

ART & DESIGN OF
WEB PAGE

6.1 导航

网页导航系统的作用是帮助用户准确了解其所处的网站位置，并且能够
迅速地到达目标页面，找到所需要的信息，所以网站的导航系统是信息有效
传递成功与否非常重要的一个因素，设计者必须在充分了解网站主题诉求和
用户需求的前提下，有目的地对导航进行设计工作。

6.1.1 导航的位置

一般来说，一个网页实际上仅有四个基本区域适合放置导航元素：网页
顶部、网页左侧、网页右侧和网页中部。

1. 网页顶部

网页的导航栏设置在网页的顶部位置，这样做的好处是所有的导航元素
能迅速地显示出来。另外人们的阅读方向一般是从上到下，从左到右，这种
顶部设置导航栏的做法适应了用户的阅读习惯。如图 6-1、图 6-2 所示，无
论网页上的图像和文字如何切换，主导航栏的位置始终保持在网页的最顶端，

图 6-1

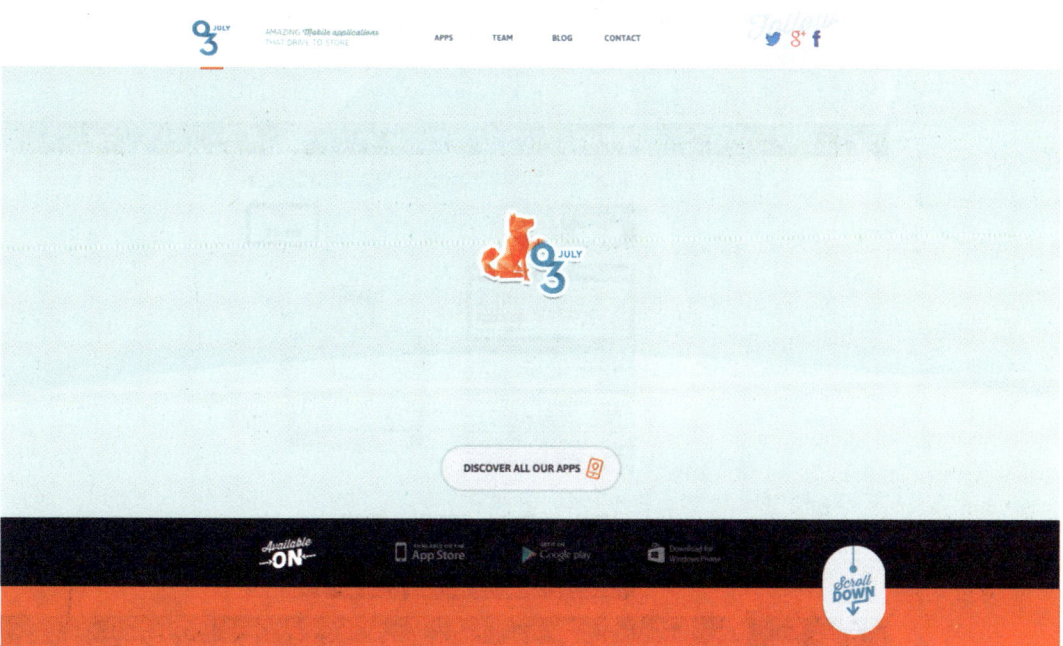

图 6-2

保证了用户无论在网站的任何位置都能第一时间找到导航栏，方便页面之间的信息传递。

2. 网页左侧

在左侧创建一个导航栏，这种设置相对缩小了网页信息的容纳空间，但这种做法与传统的软件界面是一致的，顺应了用户的界面操作习惯（图6-3）。也有一些设计师会采用顶部和左侧结合的方式放置导航栏（图6-4）。一般

图 6-3

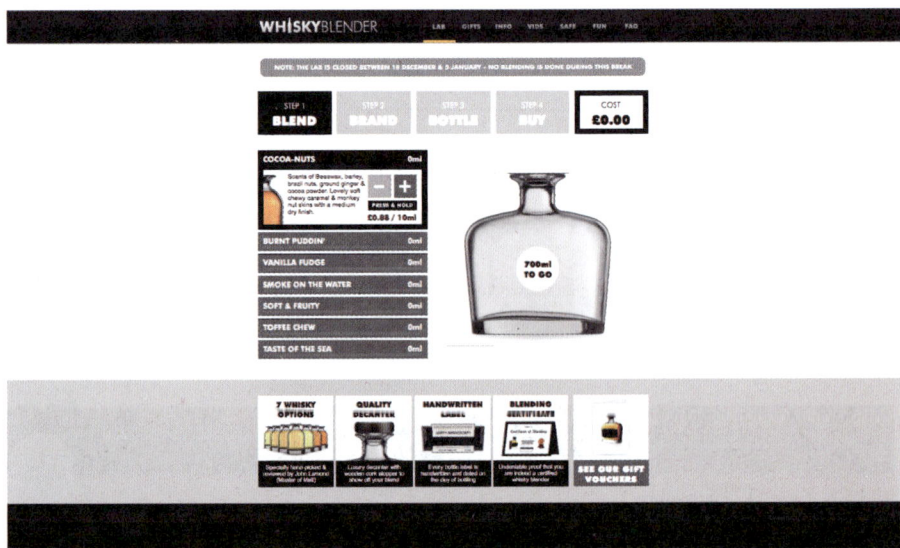

图 6-4

情况下，在顶部导航栏的内容需要扩容的时候，左侧导航栏的放置可以解决这个问题，这种情况通常出现在二级甚至三级页面中（图6-5）。

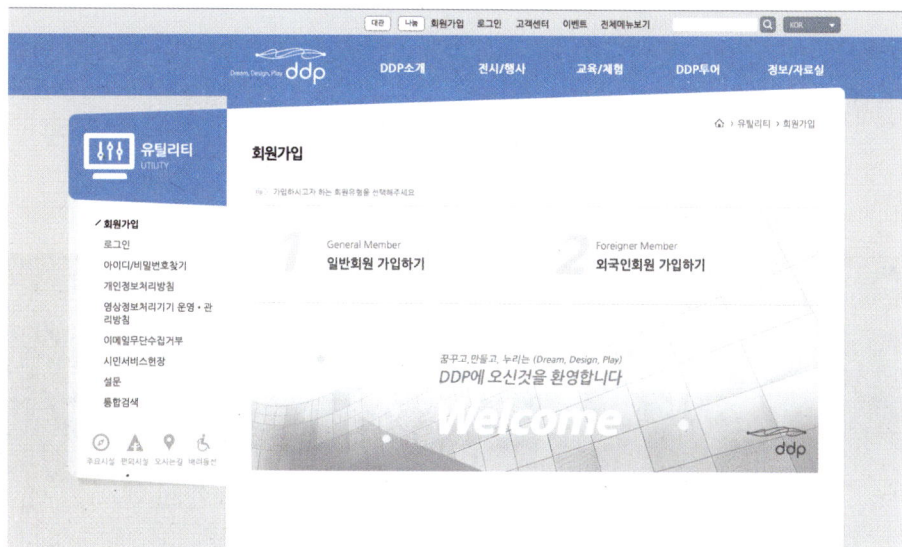

图 6-5

3. 网页右侧

如果为了满足内容优先的目的，把导航栏放在右侧是比较合适的。用户在没有导航栏分散注意力的情况下，更容易专注于内容的阅读（图6-6）。

图 6-6

从使用角度来讲，右侧导航栏的位置对鼠标的操作更为方便。如图 6-7、图 6-8 所示，设计师将右侧的导航栏以更直接的色块来表示，排除了一切视觉上的干扰，使信息的传递效率得到了进一步的提高。相比较而言 Kaisersosa 网站的首页更为简单直接，完全摒弃了传统导航栏的做法，只在页面的右下方以符号和色块来引导用户进行网页浏览（图 6-9）。

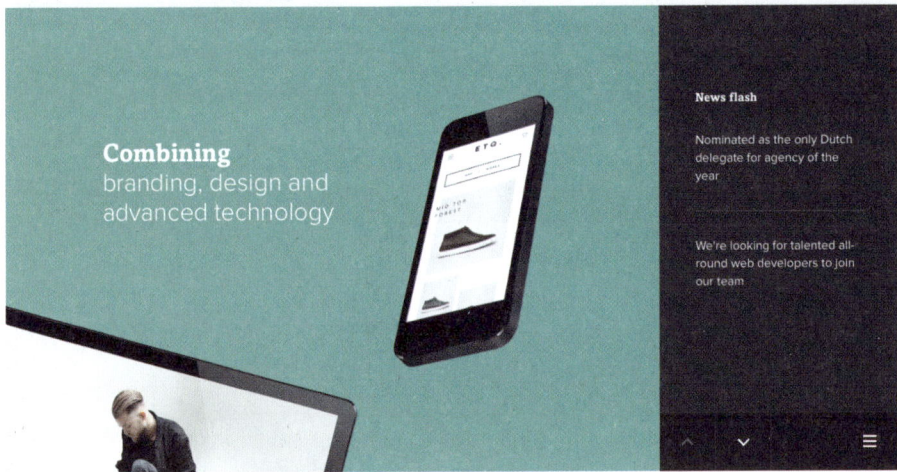

图 6-7

图 6-8

图 6-9

4. 网页中部

导航栏放置在网页中部的做法可以让用户的视觉注意力第一时间集中在此，页面上所有的文字和图像信息都围绕导航栏服务，用户可以直接确定自己的位置并寻找下一步的信息引导（图 6-10）。这样的导航放置方式比较适合在网页信息较少的情况下使用，甚至整张页面仅有导航栏的存在（图 6-11、图 6-12）。一般导入页更适合采用这样的做法。

以上对导航栏的放置位置做了简单的总结，当然并不是只有以上四个位置适合导航栏。网站导航栏放置在什么地方最合适，需要根据对网站的主题、界面、风格、版式等因素的综合分析来设置。

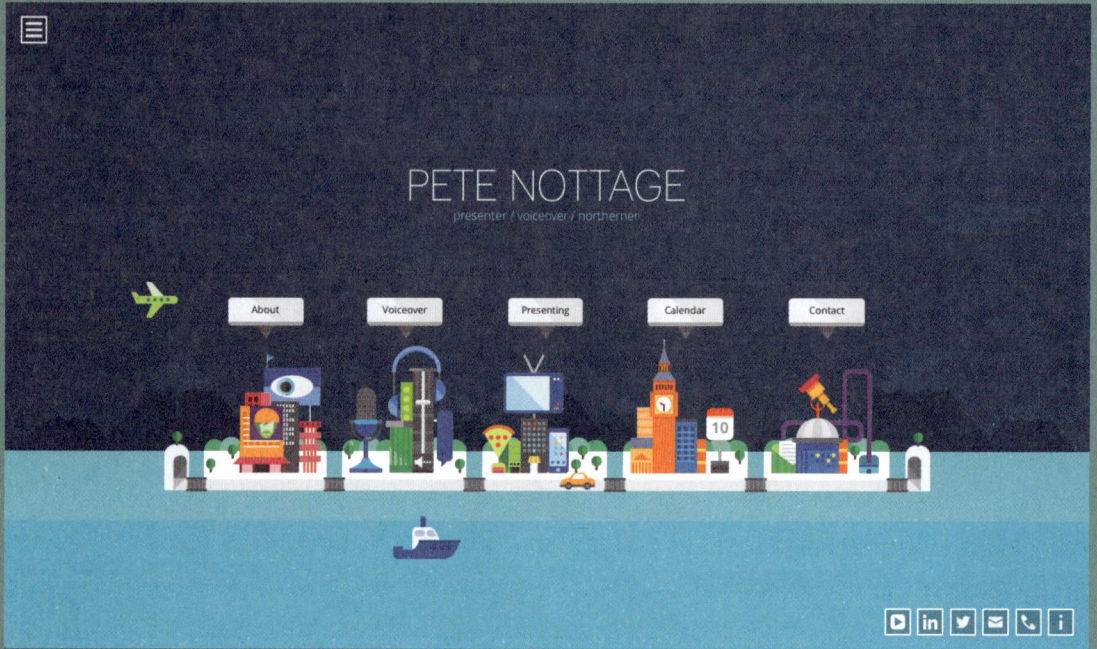

图 6-10

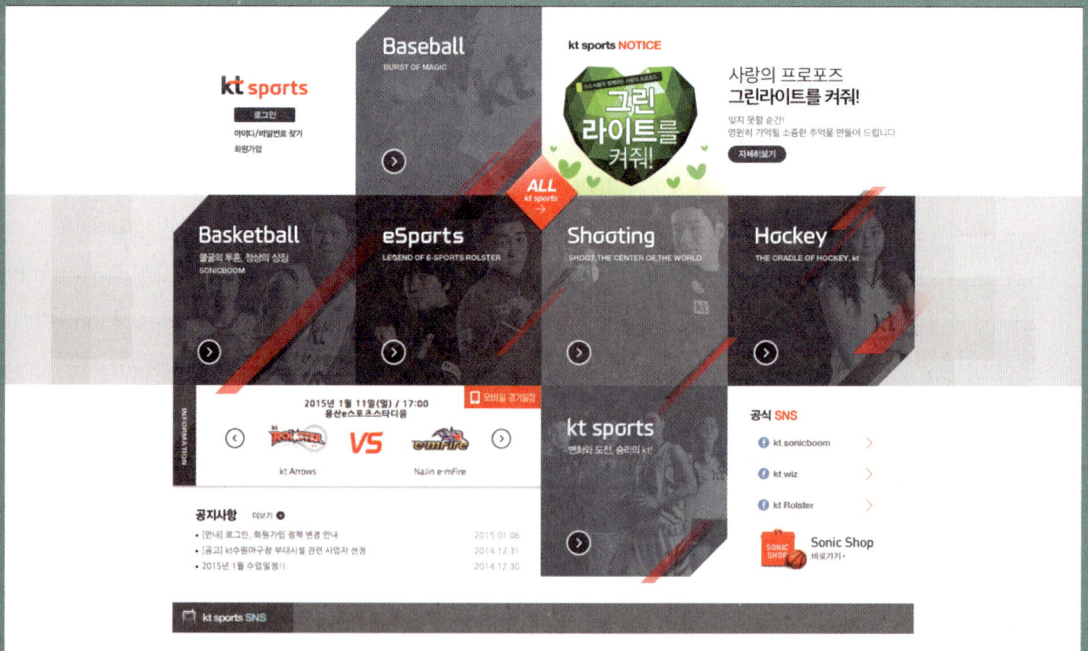

图 6-11

图 6-12

6.1.2 导航的表现形式

　　随着网页开发技术的不断更新变化，一些更富有创意性的网页设计形式出现了，网页设计者纷纷尝试与传统形式不同的导航表现形式，表现手法也更多样化，创意内容包括文字、手绘、图像、图表、纯色等（图 6-13 ～图 6-16），这类设计往往打破常规建立新的格局，打造出让人耳目一新的网页导航系统，使网页不仅看起来更有趣，而且更加实用。

图 6-13

图 6-14

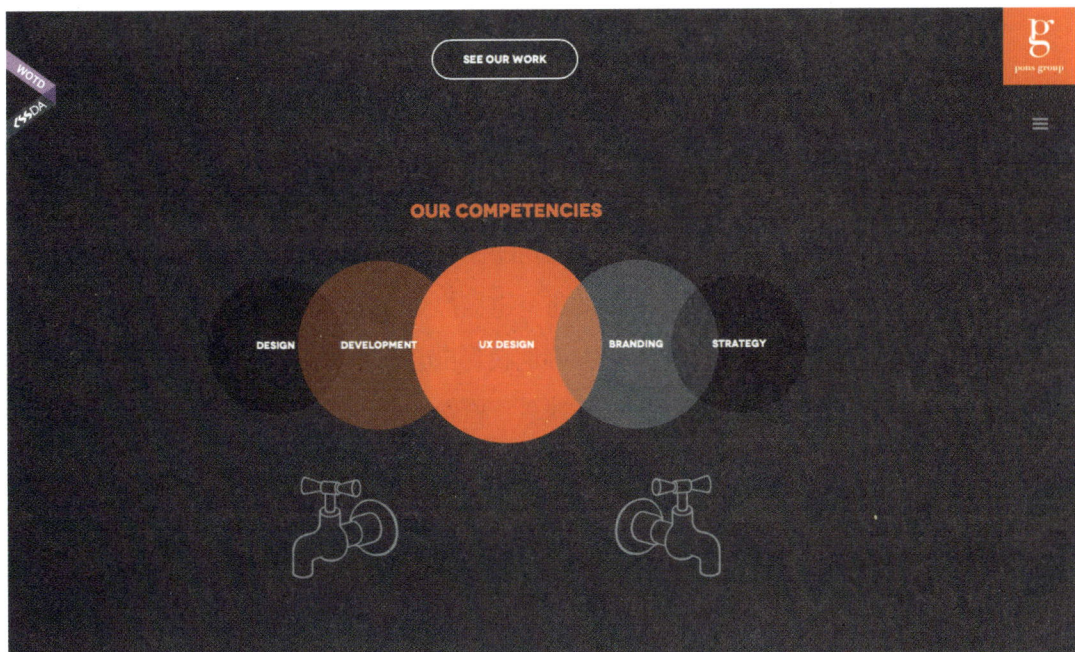

图 6-15

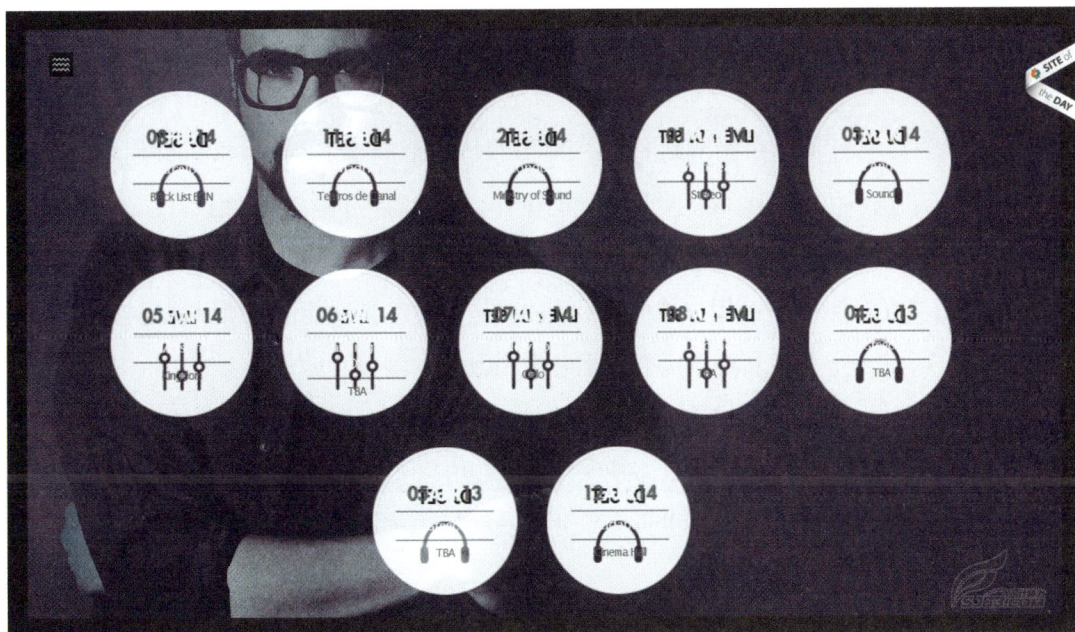

图 6-16

6.1.3 导航的功能性

为了保证网页导航系统的功能性和适用性，无论导航栏以什么样的形式或手法去表现，导航栏中的每个链接都应当匹配相应的描述性文字，这样做的目的是帮助用户清晰而准确地找到自己所处的网站位置，以及说明如何能到达目标页面。同时次级导航栏、检索字段及外部链接等作为页面导航的一部分，不应当成为页面的主要部分而影响主导航栏的使用。

另外，对于不同类型的导航来说，所有的导航布置必须保持一致，这是保证信息传递流畅的必要条件。如果导航栏位置或风格不一致，或者同一个控件在不同的页面上功能不同，势必会引起使用上的混乱而降低信息的传递效率。

6.2 主页

主页是一个网站的门户，用户对网站的印象如何，主页的作用至关重要。这不仅包括主页视觉形式上的设计，还包括主页的功能性设计。一般来说，外观是最先被注意到的，网页视觉形式的第一印象会显著影响用户对网站的价值判断——用户被形式吸引后会进而关注其功能性。所以视觉与功能的和谐统一是主页设计需要着重考虑的因素。

主页在形式设计上应以醒目、简明为上，目的就是为了使用户对主页的视觉内容一目了然，方便快捷地找到所需要的信息。

一般情况下，主页大致分为三种形式：索引式主页、综合式主页和个性化主页。

1. 索引式主页

这类主页上有全部内容的目录索引，图文并茂，看上去既美观简洁，内容也一目了然，是一种比较受推崇的设计形式。这类主页不需要堆砌太多的装饰使画面显得过于复杂从而影响到信息的传递（图6-17～图6-22）。

图 6-17

图 6-18

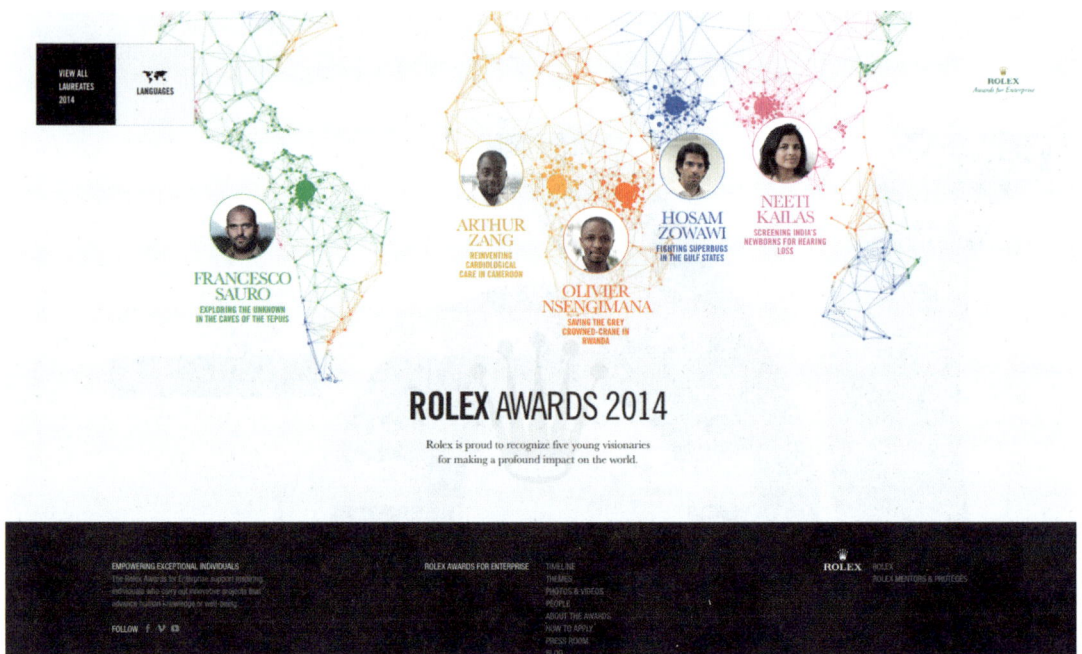

图 6-19

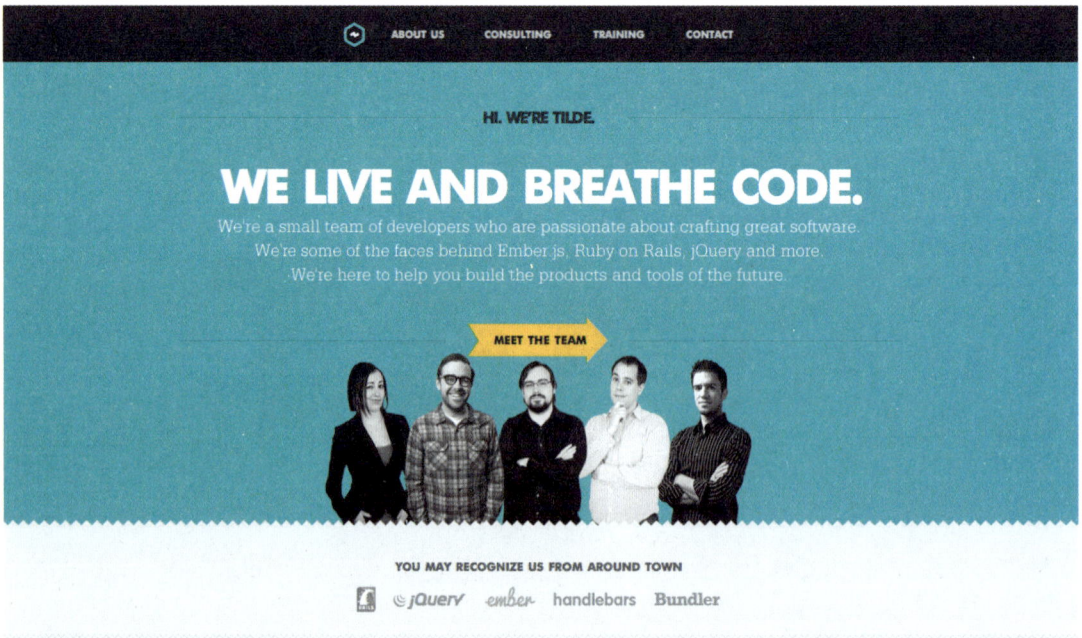

图 6-20

图 6-21

图 6-22

2. 综合式主页

　　还有一些网站为了提高网页下载速度和方便用户操作，往往采用综合式主页，将栏目、索引功能、模块、标题、提要、图片等内容一并显示在主页上。这种形式的主页需要认真规划主页上的内容，以免使页面陷入混杂中，影响网页信息的传递（图 6-23 ～图 6-26）。

图 6-23

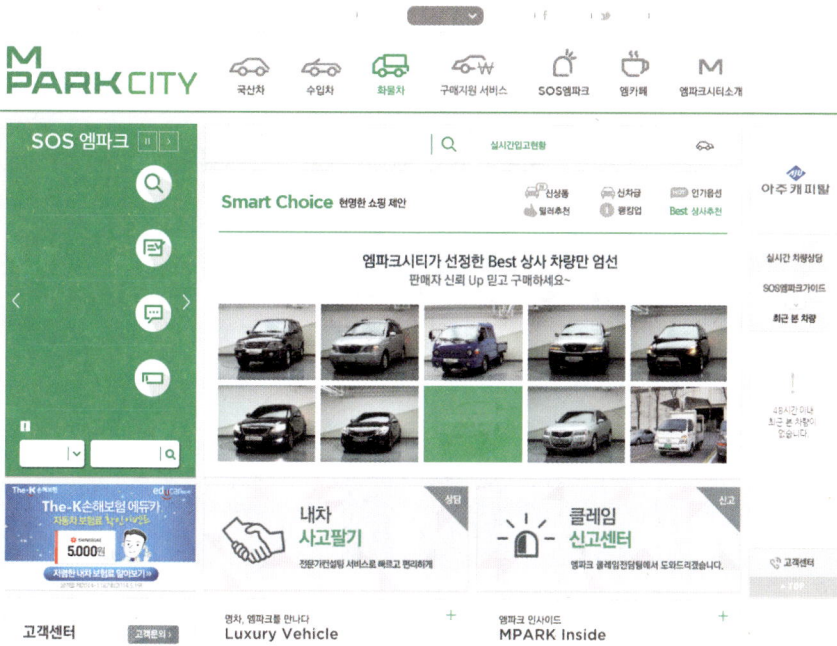

图 6-24

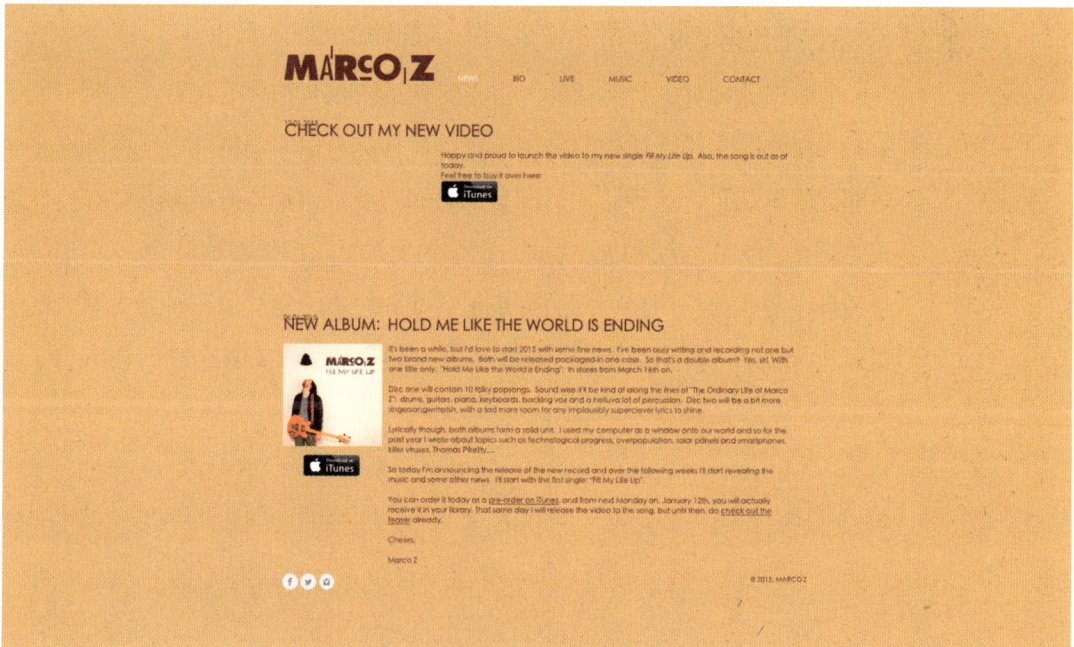

图 6-25

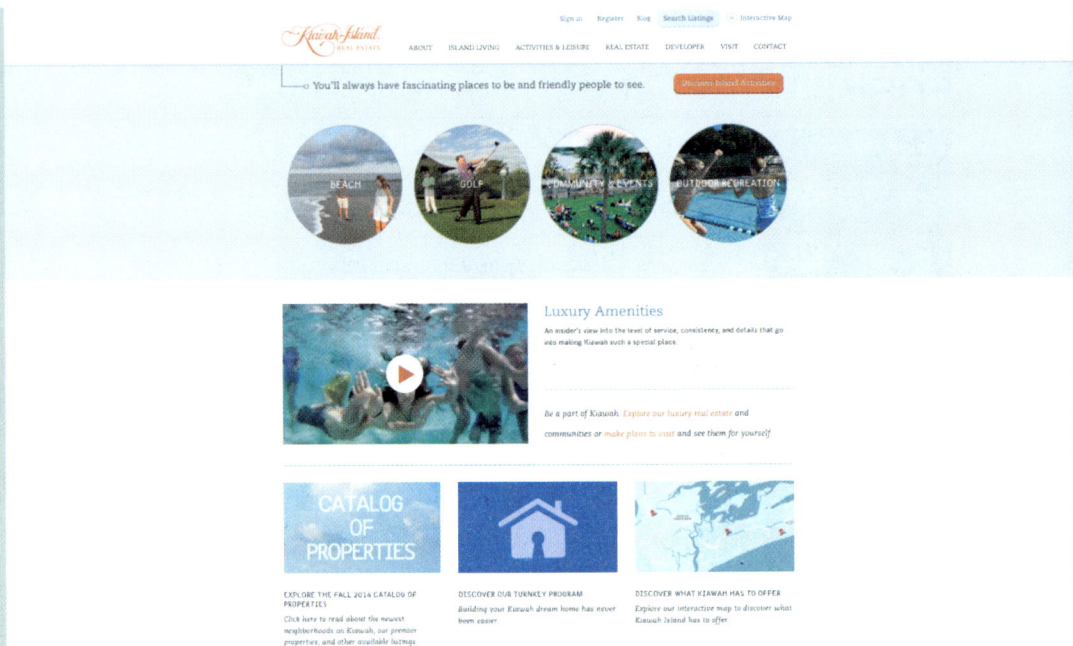

图 6-26

3. 个性化主页

个性化主页对主要功能要件与主要视觉内容有独到的设计，为网页创造新的风格类型，比普通类型的网页更具有视觉吸引力。例如有些网站有一个封面式的导入页，这种导入页没有庞杂的内容，通常只有网站名称和一个进入的链接，单击之后才进入主页。这样的导入页也担任着主页的一部分功能，它的作用更直接，用户可以更直观地寻找到所需内容，但这种导入页式的主页只适合网站内容信息较少、网站主题小众化的网页（图 6-27 ～图 6-29）。

图 6-27

图 6-28

图 6-29

6.3 页脚

在网站中，页脚是最容易被忽略的部分。它经常被用来放置一些版权说明性文字，或者几个不太重要的链接，以及指向法律说明页的常用链接。对于这种毫无生趣的页脚来说，当用户浏览到页面底部的时候，都不知道还能做些什么。但是已经有一些设计师开始注意到这个可使用和扩展的页面空间，并制作出一些功能性很好的页脚，例如在页脚放置一些扩展的网页导航以及社会媒体内容，可以将读者引导到相应的页面内容上去。

制作功能性页脚有可能会产生这样一个结果——页脚尺寸变大，但是如果合理的规划页脚和页面的整体比例，页脚部分将会是页面不可或缺的一个组成部分。如图 6-30 所示的那样，页脚甚至占据了一整屏的空间，设计师相当于设计了两个网页页脚，其中一个是传统类型的页脚，另一个则是有实际内容的页脚，这些内容是可以帮助引导用户跳转到其他的页面信息部分，这里的页脚相当于承担了一部分微型门户的首页作用。图 6-31 则是更直接地将导航栏放置到页脚的位置，这样的做法和传统的网页设计习惯是相违背的，但在使用功能上却没有任何障碍。这样的例子告诉我们，设计没有墨守成规的法则，只有让形式和功能更完美结合的各种创新。

图 6-30

图 6-31

6.4　网页中的图形符号

图形符号在我们身边随处可见，相对于文字，图形符号在认知方面有着不可取代的优势：文字传达内容需要思维转换过程，图形符号的表达方式则更直接、更明确，可以在小得多的空间中容纳，且更容易被识别。图形符号的基本意义是运用视觉图形构建信息符号，用符号传达信息，并最终使图形符号透过其传达与接受信息的互动而实现接受者的认知功能。因为图形符号的种种便利优势，所以在网页上的使用频率很高（图6-32～图6-34）。

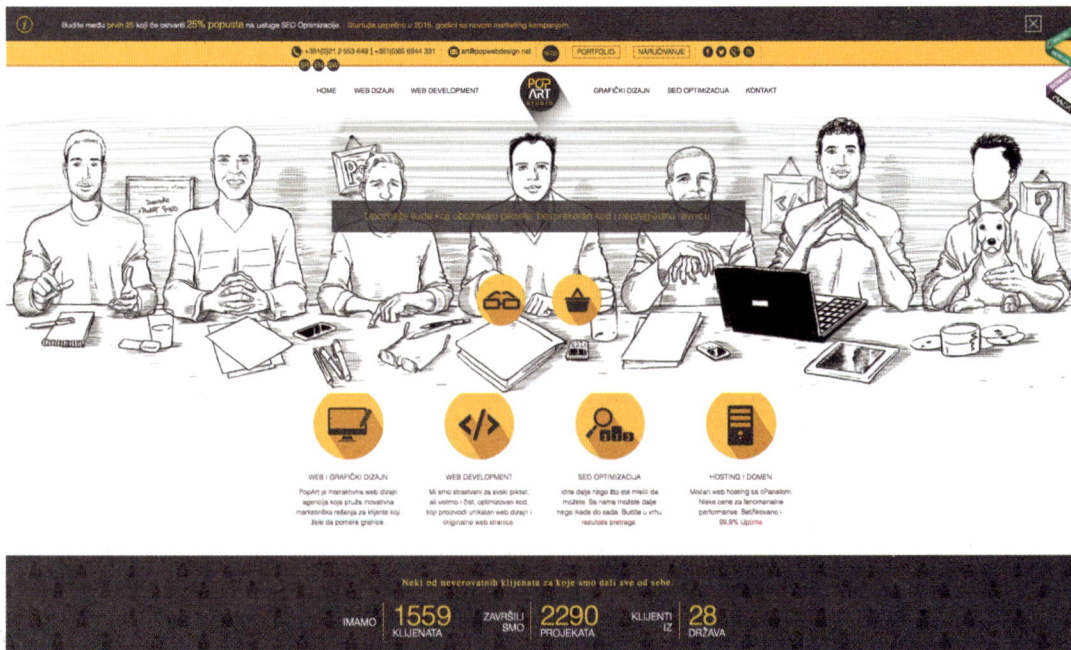

图　6-32

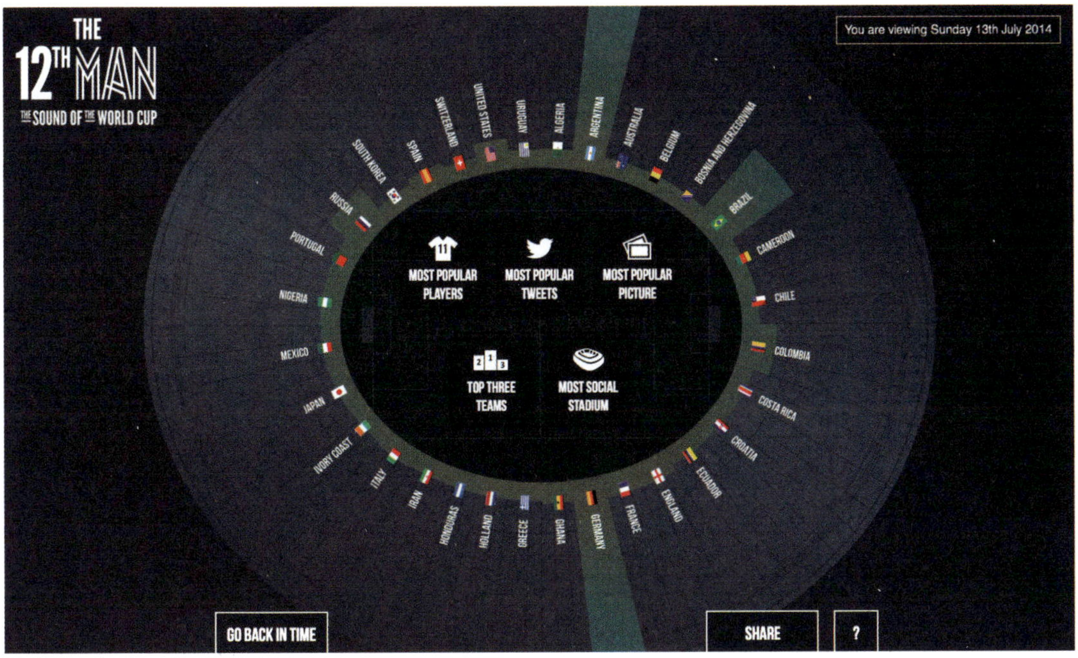
THE
12TH MAN
THE SOUND OF THE WORLD CUP
You are viewing Sunday 13th July 2014
MOST POPULAR PLAYERS
MOST POPULAR TWEETS
MOST POPULAR PICTURE
TOP THREE TEAMS
MOST SOCIAL STADIUM
GO BACK IN TIME
SHARE
?

图 6-33

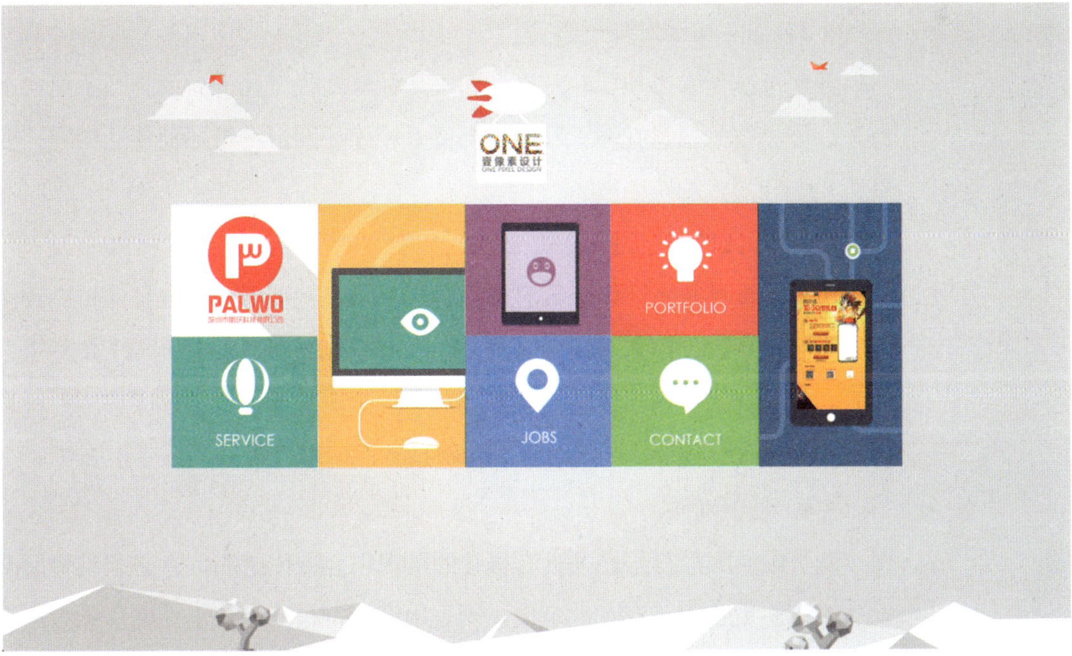
ONE
壹像素设计
PALWO
PORTFOLIO
SERVICE
JOBS
CONTACT

图 6-34

需要注意的是，在图形符号设计中，只有符合视觉规律的图形符号才能有效地承担传递信息的作用，而不符合视觉规律的符号则容易造成用户的接收混乱。图形符号的设计不是靠设计师的灵光一现信手拈来，而是必须尊重用户知觉和思维习惯，使用户不需要努力思考就能理解这些信息所表达的含义。所以网页中的图形符号应当尽可能保持简单一致，让用户在享受图形符号直观的视觉体验的同时还能够轻松地理解它们的实际含义。

网页中的图形符号与其他图形艺术表现手段既有相同之处，又有自己的设计规律。图形符号设计不可能像写实绘画的形式那样强求形似，而是以图形化的方式进行组织处理，在强化形态特征的同时简化结构，形成一种单纯、鲜明的特征来呈现所要表达的具体内容。

一般情况下，网页中的图形符号设计应遵从以下几个基本原则。

（1）尽可能借用。

在进行图形符号设计时，应先看有无现成的图形符号可以借用。因为网页中的图形符号是为了让用户迅速、简单地认识并使用，一些已有的图形符号已经具备了人们所熟知的某些含义，其优势是不容易产生理解上的误解和偏差。当然，为了确保用户的快速理解也可以做适当的修改。

（2）功能和形式统一。

任何符号元素必须要有意义，而不是纯粹的视觉装饰。设计师不能舍本逐末，要看符号信息在多大程度上与受众相连，图形符号如何传达内容，要注意功能和形式的统一。

（3）一致性和连贯性。

由于网页具有多屏、分页显示的特点，所以网页中图形符号保持一致性和连贯性显得尤为重要。具体要求是：图形符号的设计风格，图形符号的要素，图形符号的寓意，图形符号的色彩、大小、比例等要一致，以保证图形符号标准化的实现，确保用户能够顺利快速地获取网页信息。

（4）易识别性。

网页中的图形符号必须具有极强的可识别性，传达的信息必须具体而准确，否则它就丧失了存在的意义。网页中图形符号的可识别性取决于多项因素，过于复杂的符号使人们难以辨识，过度简化的图形符号容易与其他的符

号系统混淆。另外，设计符号时还要考虑其本意及与其相关含义的可能性演
绎，以避免在图形和其本意之间产生歧义。

（5）确定用户群。

设计图形符号时还必须考虑特定的网络用户群：不同的用户群具有不同
的认知特点；此外，还需要考虑到不同地区文化的差异性：在一种文化语境
下理解的事物换做另外一个文化语境就可能不被理解甚至产生歧义，所以在
设计图形符号的时候，要充分考虑到不同用户在理解上的差异，要确保不发
生理解上的困难和偏差。

随着网络技术的发展，网页中图形符号的表现手法日趋多样化，表现效
果也更加细腻，表现力大大增强。但无论如何变化，图形符号的基本设计原
则和目标是不变的。正如著名的图标设计师 Susan Kara 认为的那样：好的图
形符号设计应该是在同类中易懂、易读、易识别，而不是在说明解释，一个
好的创意应该以清晰、简明、给人印象深刻的方式表现出来。

参考文献

[1] PATRICK MCNEIL. 网页设计创意书（卷 2）[M]. 图灵编辑部，译．北京：人民邮电出版社，2012.

[2] JASON BEAIRD. 完美网页的视觉设计法则 [M]. 2 版．石屹，译．北京：电子工业出版社，2013.

[3] 保罗 M. 莱斯特．视觉传播：形象载动信息 [M]. 霍文利，译．北京：北京广播学院出版社，2003.

[4] 鲁晓波，詹炳宏．数字图形界面艺术设计 [M]. 北京：清华大学出版社，2006.

[5] 本·施耐德曼．用户界面设计 [M]. 郎大鹏，刘海波，马春光，等译．北京：电子工业出版社，2005.

[6] 林家洋．图形创意 [M]. 哈尔滨：黑龙江美术出版社，2004.

[7] 鲁道夫·阿恩海姆．艺术与视知觉 [M]. 滕守尧，朱疆源，译．成都：四川人民出版社，1998.

[8] 杰夫·卡尔森．最佳网页设计：导航 [M]. 倪潇潇，译．北京：中国轻工业出版社，2001.

后记

2020 年 1 月 17 日凌晨，在解决了引起拖延的各种问题之后，这本小册子终于完成了最后一个字的修改。完成的那一刻，最想对出版社的刘向威编辑说："非常抱歉并非常感谢您！"因为您的支持，使我得以将这本小册子完成并出版；也感谢您的包容，让我有足够的时间来完成它。

这本小册子虽然内容不多，但是付诸了我全部的努力，希望它能为网页设计行业的发展尽一点微薄之力。

最后，感谢我的家人在此书编写过程中对我的帮助和支持。也希望我的母亲能够看到这些，我想她一定会感到欣慰。

图书资源支持

感谢您一直以来对清华版图书的支持和爱护。为了配合本书的使用,本书提供配套的资源,有需求的读者请扫描下方的"书圈"微信公众号二维码,在图书专区下载,也可以拨打电话或发送电子邮件咨询。

如果您在使用本书的过程中遇到了什么问题,或者有相关图书出版计划,也请您发邮件告诉我们,以便我们更好地为您服务。

我们的联系方式:

地　　址:北京市海淀区双清路学研大厦 A 座 701

邮　　编:100084

电　　话:010-83470236　010-83470237

资源下载:http://www.tup.com.cn

客服邮箱:2301891038@qq.com

QQ:2301891038(请写明您的单位和姓名)

资源下载、样书申请

书 圈

扫一扫,获取最新目录

课 程 直 播

用微信扫一扫右边的二维码,即可关注清华大学出版社公众号"书圈"。